實戰智慧館 476

十倍勝，絕不單靠運氣

如何在不確定、動盪不安環境中，依舊表現卓越？

Great by Choice

Uncertainty, Chaos, and Luck—Why Some Thrive Despite Them All

詹姆・柯林斯（Jim Collins）、

莫頓・韓森（Morten T. Hansen）　合著

齊若蘭　譯

新版推薦文

大者不一定恆大，但快速適應者一定恆強

于為暢（資深網路人、個人品牌教練）

諾基亞（Nokia）曾是世界第一大手機品牌，但如今已被Apple狠甩到後頭，諸如此類「產業龍頭換人做」的案例不計其數。是什麼原因讓某些企業後來居上，無視世界變化，在動盪中飛快成長，並超越群雄爭霸市場？《十倍勝，絕不單靠運氣》將給你最完整的解析。

作者柯林斯自《從A到A+》企業成長聖經後再創經典，深入探討在市場劇烈變化下的企業特質，以及這些公司領導人有何過人之處，並加上對照組以便參考。他甚至談到「運氣」成分，並用科學方法去分析運氣，實為一本精彩實用、不可多得的企業致勝寶典。特別是當我們身處無法預知未來、黑天鵝隨時冒出的世紀，熟讀柯林斯的著作就好比是創業家的心靈燈塔，指引我們不迷失航向目標。

「產業變化」是永遠的不變，網路與科技的發展更是加速器。以我在網路產業二十年的經驗來看，「典範轉移」（paradigm shift）不但一再發生，而且轉移的時間會愈來愈短。舉例來說，如果你想在網路上創造聲量，二〇〇〇年開始的十年內，主流是寫部落格，但十年

後重心轉移到社群平台，變成經營粉絲團或Line，在更短的時間下又轉移到YouTube或抖音等影音平台，然而這些平台不定時更改演算法或漲價變現，逼迫創業家必須尋找其他備案。這些「變化」都是無法事先預知的，如果你無法快速適應，擁有自己的「品牌」或「社群」當備案，很快就會被市場淘汰。想要無視變化、持續快速成長，你得靠自己狂熱的紀律和信念的執著，即作者所稱的「十倍勝領導人」。

亞馬遜創辦人貝佐斯（Jeff Bezos）說：「未來十年，只有人性不會變。」想在網路創業成功，無論個人還是企業，都必須具備「十倍勝領導人」的心理素質。但縱使人對了，還是要有方法，書中給的觀念叫「二十哩行軍」，每天走二十哩，就會走到目的地，這和我鼓勵「每天創作」的理念相同，也許你走得慢，但踏著專注穩健的步伐，反而比別人更快達標。

「變化在走，堅持要有」，十倍勝領導人多半是特立獨行、不受社會規範影響的人，懂得不停累積小成功去獲得大勝利，書中將此策略稱為「先射子彈，再射砲彈」。我身為個人品牌的「建設性偏執狂」，也同意作者在書中說的先「宏觀」再「微觀」；網路創業必須時時觀察趨勢，stay sharp, stay smart，保持高度警覺，並有效因應變化。

作者提出「找對人的幸運」是最重要的運氣成分，我認為若你有能力在網路上創造能見度，發展出個人品牌，自然會吸引潛在的貴人出現，增加你的「好運」。此書提出爆量的正確觀念，搭配動人的故事，讓閱讀充滿樂趣，啟發性十足。我誠摯推薦給每位創業家，得以在這混亂的時代以十倍勝出！

新版推薦文

台灣十倍勝的過去與未來

邱求慧（科技部產學及園區業務司司長）

過去三十年，台灣的科技產業在世界深具競爭力，引領屬於台灣的十倍勝世代。不過，近年來全球創業趨勢方興未艾，台灣反因創業風氣和環境不足，未跟上前一波網路科技所創造的產業新潮流。

因此，政府推動各項鼓勵創新創業的政策，延攬國際加速器和團隊來台，並且組成台灣代表隊，參加世界最大的消費性電子展，讓台灣的科技新創逐漸在全球舞台發光發熱！

展望未來，這些創業年輕朋友或企業經營者努力找尋新的商機與轉型的方向，能否生存求勝就是台灣產業的寄望所在！

而《十倍勝，絕不單靠運氣》這本書從實證中找到了方法和出路，作者運用多年實務經驗所蒐集的成功企業為案例，深入探討十倍勝企業的特性，絕對可以供這些創業家或企業經理人作為參考！

「不創新，就滅亡」是一代管理宗師彼得．杜拉克的名言，多年來激勵著全世界的企業，為追求企業的領先而勇於創新，但還是有許多全球獨創科技的企業消失於商場的洪流之中。柯林斯從歷史的學習中告訴我們，創新也需要方法和步驟，循序漸進，先用子彈進行實證分析，確認可行再發射砲彈！

企業決策的速度不一定要最快，而是該快的時候快，該慢的時候反而要謀定而後動，否則莽莽撞撞就可能掉下懸崖，萬劫不復！

例如，就在中華民國成立的那一年十月，有兩支探險隊都做好了準備，挑戰成為第一個踏上南極的隊伍。最後，一支隊伍率先抵達南極，並且安全返回，另一支隊伍不但晚了三十四天抵達南極，還無法順利撤退，結果全數慘遭凍死。

這是書中提到的歷史事件，作者卻巧妙地將極地探險類比成企業，因為企業的經營和極地探險一樣，不能僅依靠運氣，要做最壞的打算和最好的準備，才能在如惡劣氣候的商場競爭中持盈保泰，比對手氣長。

本書提出的許多觀念都是很合理的企業經營策略，重點在於能否落實管理並內化為文化。讀者有了這本書的啟發，在面臨真正需要決策的時候做出睿智的選擇，一定能掌握十倍勝成功的關鍵。

新版推薦文

不讓依賴成為企業危機

游舒帆（商業思維學院院長）

創新不難，難的是如何持續創新，將創新變成一種基因；成功不難，難的是如何讓成功不再是靠運氣，而是有跡可循，具備可複製性；創業不難，難的是成功後仍願意坦然面對現狀，懷抱著創業時的戰戰兢兢，嚴守紀律扎扎實實的走每一步。

本書談到許多企業經營的真理，其中我最喜歡的是二十哩行軍的故事以及黑天鵝事件。二〇一七年臉書算法改變，以及流量紅利消失的議題發生，很多仰賴網路做生意的企業驚覺自己對臉書廣告的依賴性太高；二〇二〇年的武漢肺炎重創了許多零售與製造業，直到此時，這些企業才驚覺將資源配置在某個國家或區域這種高度依賴性是危險的。

依賴性，其實是讓企業掉進危機的不變因素。在二十哩行軍故事中，一位領導者根據天氣來決定今天的計畫，天氣好多走一些，天氣不好就少走一些，甚至乾脆休息一天，沒想到後來持續的大雪，導致團隊連續多日只有緩慢的推進，這個團隊的進展，基本上大量依賴於天氣這個因素。另一位領導者則不論天氣如何，每日嚴守紀律推進二十哩，他們按著自己的計畫與節奏進行，而非依賴於天氣，他們掌握了相對高的主導權。

很多企業依賴單一供應鏈，銷售過度集中在單一通路，或者營收來源仰賴一、兩位大客戶，但萬一這條供應鏈出狀況了呢？萬一銷售通路有更強的競爭對手試圖壟斷呢？萬一這一、兩位大客戶不合作了呢？這些都是依賴性帶來的問題，而且這其實不是黑天鵝，因為當你願意面對現實，發生問題早已可預見。

我從以前就一直是柯林斯著作的忠實讀者，五年前讀和現在讀，獲得的收穫非常不同，唯一相同的是，書的內容始終精彩且充滿洞見。如果你也想了解一家公司如何躍升十倍勝企業，千萬不要錯過這本書。

新版推薦文

卓越是一種選擇

雷浩斯（價值投資者、財經作家）

出版公司來信時，希望我提及本書能夠幫助投資人的部分。實際上，當我第一次看完《十倍勝，決不單靠運氣》這本書時，我聯想到書中所探討的原理，完全符合價值投資的基本原則，而當代最了不起的股神巴菲特（Warren Buffett）掌舵波克夏的經營方式，也完全符合十倍勝原則。

首先，本書探討的是如何在充滿不確定性的外在環境下，持續保持卓越。而投資的環境本來就充滿不確定性、意外、運氣及各種衝擊。在這種狀況下，投資人需要一套「二十哩行軍」來維持狂熱的紀律。巴菲特的標竿很簡單，就是對照加計股息的大盤指數。只要他能持續打敗大盤，就代表他的表現良好。

每一個十年，巴菲特的持股都有所變化，而他的改變都做得很成功。從早期的買報紙，之後買入地毯和化學製品公司，到現在買入蘋果，絕大多數的投資人都沒辦法像他這樣成功的轉變，這是因為他擁有「以實證為依據」的創造力，他先射子彈，再打大砲，逐步調整自己的風格，保存核心的同時又能刺激進步，所以避開風險的同時能夠獲得成長動能。

而波克夏公司手上的現金比重經常很高，二〇一九年時高達三五%。很多人以為他找不到投資標的，或者認為他太過保守，但這就是一種「建設性偏執」。巴菲特總是在替未來的危機做好準備，他說：「波克夏總是對千年一次的洪水做好準備，事實上當洪水來臨時，我們還能賣出救生衣。」

而價值投資法就是一套SMaC致勝配方，它具體明確、有條理有方法，又始終如一。實際上，巴菲特對自己運用價值投資的成果，只謙虛地說：「如果一開始就成功了，那就不用改變了。」

講了這麼多巴菲特的部分，那麼柯林斯呢？身為書迷，我想特別談他與眾不同的地方。

第一個我想談的是他思考的技術，我認為柯林斯最厲害的就是「運用模型」』的思考方式。從《基業長青》的太極符號、《從A到A+》的飛輪、《為什麼A+巨人也會倒下》的五階段脈絡，以及本書的金字塔符號，都能讓人更清楚地了解他的思考方式，並且有系統化的運用。

第二個我想談的是柯林斯的研究程序。首先，他運用大量資料，設定嚴苛的條件來撈出研究標的。再來，他運用了「對照的力量」這種研究方式，可以看出成功組和失敗組的關鍵差異，避免統計上說的「生存者誤差」。最後，他運用海量閱讀，從中看出資料的形態，這也是他的強項。這樣的研究方式非常有效率，因此我也不客氣地把這幾招都學起來，運用在我的投資中。

第三個是大多數人會忽略的地方，就是書末的附錄。我覺得附錄的精彩度不下於內文章節，尤其可以從中找到補足前一本書的重要概念。例如SMaC致勝配方，可說補足了《從A到A+》裡由刺蝟原則到轉動飛輪之間的具體步驟。若想徹底吸收柯林斯的概念，附錄是必讀部分。

我認為柯林斯和巴菲特其實是同類人；柯林斯從企管的角度研究卓越的公司，巴菲特則從投資的角度尋找偉大的公司，他們兩人從不同的面向去尋找相同的答案，如同用不同的語言描述同一件事實，並且身體力行。更棒的是，你不必自己從頭到尾去研究偉大公司的祕密，因為他們已經都研究給你看了，你只要直接運用他們的智慧，絕對可以省下不少時間和精力。

我從柯林斯的每一本著作中取得拼圖，將卓越企業的拼圖拼湊德更加完整，並且比對台股中卓越企業的財報和媒體報導，用在我的投資之中。實際上，我覺得我做的最正確的事情，就是找對一個優秀的人來學習。柯林斯對於追求卓越不斷地持續研究、精益求精，如同本書的英文原名一樣：卓越一是種選擇。

新版推薦文

企業盛衰之歷史性研究精彩產出

盧世安（「人資小週末」專業社群創辦人）

柯大師的著作從《基業長青》一直到這本《十倍勝》，可以說在企業研究的議題上有著一脈相承的思考邏輯，但每一本大作卻又各有千秋，這種具有歷史縱深以及研究範疇廣度的研究模式，可謂獨樹一格。多年來，解析／評論柯大師的文章十分浩繁，所以想對他的著作提出一個較特殊的解讀視角，其實難度頗高的，但這次我想嘗試由史觀的維度，野人獻曝說說我的淺見。

近代歷史研究重心的轉折，最大的關鍵之一就是法國年鑑學派的興起，將歷史研究的焦點，從帝王將相延續的點線，轉移到歷史處境脈絡面的解析，從而讓我們能從更高維度、以更多面向的視角，去理解身處環境的演進及其牽動延展的歷史脈絡。年鑑學派據此基礎，重新建立了一種不同於傳統史觀（以人事變遷的「隨機性」為核心）的新史觀，以透過掌握客觀有據的環境因素與變量，梳理出「人物／組織／環境」三者歷史共時性的互動與權衡。

之所以小小闡述了年鑑學派，主要是希望讀者可以推敲一下本書的鋪排，如此就能感受到柯大師近十年來的著作研究模式，其實都有如史家研究時必先訂定「研究方針、研究框架、研究步驟」，以求建立研究的科學性與邏輯合理性。更重要的是，柯大師堅持攫取具有科學意義的實證資料作為研究基礎，透過設定的「研究判准」，推導出卓越企業及其領導者在客觀在環境的考驗下，所展現的主觀行為能動性，也就是本書所說十倍勝領導者行為「狂熱的紀律」、「建設性的偏執」以及「以實證為依據的創造力」。這種不以一人之言行來斷組織之起落，頗有年鑑學派論史的風範！

對於要如何有效閱讀與應用柯大師的大作，應該是所有的開卷者不小的挑戰，因為許多好看的企業案例，大多以企業領導者／決策者的真知灼見為主，並以具戲劇性的事態演進為輔，雖仍具有相當的啟發性，卻容易流於見樹不見林的經驗論。而柯大師往往透過大量的歷史資料，歸納出許多重要的抽象假設，然後從中論證出極為精要的行動準則。作為讀者，最重要的其實是如何歷史性地理解柯大師所揭櫫的行動準則，並以科學性的方式在企業中演繹這些行動準則的實踐方案。

在現今多變、不確定、複雜、混沌不明以致難以預測的時代，追求創新之餘，我們反而應該努力去了解與掌握哪些是企業經營恆久不變的要素，而這或許是本書給我的最大啟發。

初版推薦文

堅守紀律、審慎抉擇，才是經營的王道

李吉仁（予新創業管理公司創辦人、臺灣大學EMBA兼任教授）

本書《十倍勝，絕不單靠運氣》是知名的商業暢銷書作者柯林斯繼《基業長青》、《從A到A⁺》之後，與柏克萊大學的韓森教授合作的作品。承襲過去兩本書所採用的抽樣邏輯與質性比較分析方法，本書選出七家稱為十倍勝（10X）的公司，搭配優秀的同業作為對比公司，試圖回答一個核心問題：哪些內在因素會影響一個歷經環境動盪與淬鍊的企業，使其產生三十倍以上的股東投資報酬？

「哪些是決定企業長期經營績效的因素？」一直是策略學術領域上備受關注的議題。學理上的爭辯重點在於：究竟是外在的產業環境因素，還是企業內在的策略、組織與能力因素，決定長期經營績效的優劣？根據大規模樣本的跨時（longitudinal）研究結果，傾向於企業本身的差異性決定經營績效。本書的研究基本上沿著這個基調，並且認為能夠歷經環境的震盪，能夠持續穩定成長，顯然是企業領導人做了不一樣的決策選擇所致。據此，作者歸納了四項能夠成為十倍勝公司領導人所需具備的核心行為。

首先，他們發現十倍勝的企業領導人具有強烈的目標導向，並能根據目標建立明確的績效標準。不論外在是順境或逆境，都能以堅強的意志力確保策略與組織做法形成高度的內部一致性（internal consistency），帶領組織成員達成目標，不讓外部環境不確定因素成為績效達成與否的藉口；作者形容這種高度的執行紀律如同「二十哩行軍」。

其次，本書發現十倍勝企業領導人不會大膽投資於不確定的創新，而通常採取低成本、低風險、低干擾的創新實驗（先射子彈），再根據實證分析結果，決定是否擴大投資於較有成功機會的創新活動（再射砲彈）。換句話說，十倍勝的公司會採取類似實質選擇權（real options）的概念，去面對創新的不確定性，先採取小額投資，取得進一步判斷的經驗值與再加碼投資的機會，待情勢明朗後，再決定是否大幅加碼投資；作者稱此為兼具創造力與紀律的創新行為。

再者，本書的研究發現，十倍勝企業的領導人面對環境的不確定時，會產生高度警覺、居安思危的心態；針對不同種類的營運風險，會採取建立緩衝（buffer）機制與降低風險衝擊的做法。同時，這些績優公司領導人會採取由遠而近的思考邏輯，評估對最壞情境的承受程度，然後決定實際行動的快慢；作者稱此為具有建設性的偏執。

最後，作者發現十倍勝企業的領導人會堅持「具體明確、有條理、有方法，同時又始終如一」的營運模式，亦即堅守該企業的成功方程式（success formula），只微調而不輕易進行大幅變革。至於運氣的成分，他們發現十倍勝企業並沒有特別幸運，但因為具備前四項能力，導致其運氣報酬率較高。

平心而論，柯林斯提出的領導決策邏輯，如策略與行動的內部一致性、實質選擇權、建立緩衝機制、堅守成功營運模式等，均非嶄新的觀念。但是，本書想與讀者分享的研究洞見是：十倍勝企業的成功並非來自勇於大膽冒險、敢於創新、速度至上、大膽變革與好運氣；相反的，十倍勝企業對於（導致其成功的）不變元素的堅持，明顯勝過對於（因應環境變化的）改變的熱情。另一方面，十倍勝企業能常保居安思危、戒慎恐懼之心，預留風險來臨時必要應變的餘裕資源，因而得以在歷經風浪後仍能產生倍數的成長。簡單地說，能夠有效拿捏「變與不變」之間的取捨，是十倍勝企業領導人能創造持續成長與績效的關鍵。

儘管本書所歸納出的結論甚為有趣，實務運作上卻不容易實踐。一般而言，不輕易改變過去成功的條件應該是常人的慣性（inertia），而會尋求改變則往往是對於預期損失的必然反應；通常愈是成功的公司愈傾向於保守不變，但競爭力的衰落往往是因為該變時沒能及時改變。曾是世界五大品牌的諾基亞（Nokia），因為不願改變功能手機時代的成功營運方程式，因而失去跟上智慧型手機成長的機會，導致失去後續智慧型手機成長的龐大商機。同樣的，曾是影像代名詞的柯達（Kodak）也因為無法改變以耗材為獲利基礎的成功方程式，遲遲無法在數位影像市場中翻身，導致申請破產保護。這些鮮活的案例更加證明，選擇變與不變確實是企業能否邁向永續經營的關鍵。

初版推薦文

偉大企業生於憂患而死於安樂

林之晨（台灣大哥大總經理、AppWorks之初創投合夥人）

從一九九四年出版的《基業長青》開始，到二〇〇一年的《從A到A⁺》、二〇〇九年的《為什麼A⁺巨人也會倒下》，以及這次的《十倍勝，絕不單靠運氣》，十九年來，柯林斯堅持做同一件事情，即不斷用他的「對照分析法」，以最接近西方科學的研究態度，去拆解「管理」這門錯綜複雜的社會學，試圖從中抽取少數近乎「因果」的正向關係。

既然是用最接近科學實驗的態度，除了柯林斯對照分析裡必定出現的「實驗」與「對照」兩組企業體之外，還必須給每個實驗適當的限制。《基業長青》研究的對象是存活四十年以上、更換過數位執行長的偉大企業；《從A到A⁺》瞄準了經歷十五年平凡歲月、接著又出現十五年超凡表現的蛻變企業；《為什麼A⁺巨人也會倒下》則反過來研究從優秀突然衰敗的企業；而《十倍勝，絕不單靠運氣》這本書，柯林斯對準的則是在「劇烈變遷」環境下還能有十倍於市場表現的企業。

為什麼要研究「劇變的環境」？事實上，二次大戰後近乎平滑擴張的「量產革命」與「中產階級崛起」時代正進入尾聲，取而代之的是一九九〇年代末期開始出現，高頻率且振幅巨大的市場循環。震央通常是全球金融市場，因為開放、因為日益複雜的衍生性商品、因為對沖基金的全球套利等種種因素，直接或間接導致了一九九七年的亞洲金融風暴、二〇〇〇年的達康股災、二〇〇八年的金融海嘯，以及近期的歐債等頻繁的危機，其震盪週期遠遠快過先前的五十年。

這些劇烈的震盪雖然從金融市場發出，但往往有全球性、全產業的影響。假設這樣劇烈的商業環境短期內不會離我們而去，則現代的企業領導人必須學會如何在嚴峻的環境中生存，並且創造出遠超過對手的表現。而這，就是十倍勝研究企圖揭開的祕密。

柯林斯最終選出了七家有十五年以上出色表現的十倍勝企業，對照分析後得到一組非常有趣的結論。除了與A^+企業一樣必須有第五級的企圖心之外，這些企業的領導人還有三個共同特質，即「狂熱的紀律」、「以實證為依據的創造力」以及「建設性的偏執」。

所謂「狂熱的紀律」，並不是狂熱於規矩、嚴格要求公司上下遵守教條的那種紀律。相反地，它指的是絕不大開大闔、每天帶領公司全體朝著目標穩定推進的紀律。柯林斯稱這種行為叫做「二十哩行軍」，也就是無論天氣好壞，都以每天二十哩的速度往目標推進的策略，從 Intel 的摩爾定律到 Apple 的一年一支 iPhone 都是「二十哩行軍」的好例子。

「以實證為依據的創造力」指的是不為創新而創新，務實處理新產品、新事業創造的態度。柯林斯稱這種行為叫做「先射子彈、後射砲彈」，也就是先求小打小贏，等到有足夠把握再投入大量資源的策略。比爾．蓋茲（Bill Gates）用前面十年小規模試驗 Windows 作業系統，等到確認掌握了市場需求，再一口氣以 Windows 95 決勝負就是一個模範。

「建設性的偏執」指的則是領導人經常為可能的戰爭與威脅感到神經兮兮，卻又能引導這些情緒成為動力，驅使自己不斷為這些戰爭與威脅無所不用其極地準備，讓公司永遠處在糧草充足、士氣高昂的狀態下。柯林斯將這種行為叫做「超越死亡線」。

有了第五級企圖心，有了上述三種領導人的意志，十倍勝企業還必須貫徹這些精神。根據柯林斯的歸納，他們往往仰賴所謂的「SMaC致勝配方」，也就是一套像「憲法」般的最高指導原則，來明白闡述本公司的種種「做與不做」，好讓企業文化有長期且確實的存在。

到這裡，本書其實可說是完整了，但柯林斯居然沒有停下來，相反的，他「附贈」了我們一個章節，討論「運氣」，一個西方管理學研究幾乎沒人挑戰過的題目。柯林斯歸納發現，十倍勝公司與對照組間「運氣事件」發生的機率幾乎是一樣的，也就是說，雙方的「好運」與「厄運」相似。然而，真正讓他們表現迥異的是碰到運氣事件時，領導人能夠抓住機會順勢而上的能力，也就是所謂的「運氣報酬率」。

讀完《十倍勝，絕不單靠運氣》這本書，我綜合去思考柯林斯所提出的這些十倍者特質，心中的投射印象似乎與傳統「專業經理人」頗有差異，反倒更為接近一個身經百戰的「創業家」。想想也頗為合理，在不斷變遷的環境中，每個領導人、每家企業的確必須長期處在「創業」的狀態中。

孟子說：「生於憂患，死於安樂。」這次，柯林斯用他的西方科學方法幫我們印證了這個兩千年的道理。

目錄

十倍勝，絕不單靠運氣

在不確定的世界裡，有些公司和領導人依然表現非凡，他們不僅被動因應，而且能積極創造；他們並非只求成功，還要持續蓬勃發展。這些十倍勝公司設法在亂中求勝，建立起恆久卓越的偉大企業。

附錄

研究基礎

謹將此書獻給：

我的祖母 Delores；她雖已年屆九十七，但仍有許多偉大夢想及崇高目標。

——柯林斯

我的女兒 Alexandra 和 Julia 以及打造未來的新世代。

——韓森

第一章

亂中求勝

在不確定的世界裡，有些公司和領導人依然表現非凡，
他們不僅被動因應，而且能積極創造；
他們並非只求成功，還要持續蓬勃發展。
這些十倍勝公司設法在亂中求勝，
建立起恆久卓越的偉大企業。

「我們完全不知道未來會怎麼樣。」

——伯恩斯坦（Peter L. Bernstein）

「預測未來最好的方法，就是創造未來！」

——彼得．杜拉克（Peter F. Drucker）

我們無法預測未來，但是可以創造未來。

請回顧一下十五年前的情況，想想看從那時候起，無論在全世界、我們的國家或市場上、工作上與人生中，發生了多少完全出乎意料之外、顛覆現狀的大事！我們或許感到震驚、困惑、錯愕、欣喜、甚至嚇壞了，卻沒有幾個人能有先見之明，預知事情會發生，沒有人能確切預測我們在人生道路上會經歷什麼樣的波折。面對不可知的未來，人生原本就充滿不確定。這就好像地球有重力一樣，事實就是如此，無所謂好壞。重要的是，既然世事如此多變，我們應該如何掌控自己的命運。

二〇〇二年，正當美國從穩定、安全和富裕的假象中大夢初醒，不再把一切視為理所當然的時候，我們針對本書的主題展開了九年的研究。當時，興旺多年的牛市崩盤，美國政府預算從盈餘轉為赤字，二〇〇一年的九一一恐怖攻擊令全球人民驚恐震怒，戰爭隨即爆發。同時，科技變遷和全球競爭仍然不斷演進，繼續裂解原本的世界。

這一切都令我們想到一個簡單的問題：為什麼有些公司在不確定中仍能蓬勃發展、欣欣向榮，其他公司卻辦不到？當遭受到無法預知、更無力掌控的快速變動連番重擊時，究竟是哪些因素使得一些企業表現非凡，有些企業卻每下愈況？

有趣的是，其實我們並沒有刻意挑選這些問題來研究，而是問題找上了我們。有時候，這些問題彷彿掐住我們的喉嚨，咆哮著：「除非你回答我，否則甭想呼吸，我絕不會放手！」我們之所以深受這項研究所吸引，是因為每個人心頭都有一些縈繞不去的焦慮和擔憂，覺得在這個日益失序的世界裡，自己變得愈來愈脆弱。這個問題不只在智識層面吸引我們，也和每個人息息相關。當我們和學生或企業主管、社會領袖一起探討這個問題時，可以感覺到他們也有同樣的憂慮。期間發生的種種事件只不過加強了不安的感覺。接下來到底會發生什麼事呢？我們只知道，沒有人知道答案。

在不確定中，仍能「十倍勝」

然而，還是有一些公司和領導人在不確定的世界裡依然表現非凡。他們不僅被動因應，而且能積極創造；他們不只是求生存，而是努力在亂中求勝；他們並非只求成功，還要持續欣欣向榮，蓬勃發展。他們建立起恆久卓越的偉大企業。我們並不認為混亂、不確定和不穩定是好事，任何企業或組織及其領導人都很難靠混亂而成功，但是，他們可以設法在亂中求勝。

為了了解他們究竟如何辦到，我們開始尋找那些起步時十分脆弱、卻終能躍升為卓越企業的公司，而且這些公司所處環境非常不穩定，充滿各種無法掌控、快速變動、高度不確定的破壞性力量。接著，我們拿這些公司來和同樣身處極端混亂環境、卻無法表現卓越的對照企業相比較，透過贏家和輸家的對比，找出這些公司之所以能亂中求勝的特殊因素。

我們稱這些績效非凡的公司為「十倍勝」公司，因為他們不僅是還過得去或有辦法成功罷了，而且能持續欣欣向榮、蓬勃發展。每一家十倍勝公司都勝過產業指數十倍以上。假如你在一九七二年底投資一萬美元於十倍勝公司的投資組合（這些公司在紐約證券交易所、美國證券交易所或那斯達克掛牌上市前，先以股市整體投資報酬率來估算績效），到二〇〇二年，你的投資已值六百萬美元以上，績效超越股市整體表現三十二倍。

極端環境下的極端表現

要了解這項研究的精髓，不妨先思考其中一個十倍勝案例——西南航空公司（Southwest Airlines）。想想看，從一九七二到二〇〇二年，美國航空業遭受連番重擊：石油危機、航空業自由化、勞資衝突、航管員罷工、嚴重景氣衰退、利率上揚、劫機事件、航空公司一個個破產，最後是二〇〇一年九月十一日的恐怖攻擊事件。儘管如此，假設你在一九七二年十二月三十一日投資西南航空一萬美元（當時西南航空還是一家小公司，只有三架飛機，勉強達到收支平衡，而且羽翼未豐的西南航空還受到周遭大型航空公司圍剿），到了二〇〇二年，你的一萬美元會增加為將近一千兩百萬美元，投資報酬率是大盤績效的六十三倍，勝過投資沃爾瑪商場（Wal-Mart）、英特爾（Intel）、奇異（GE）、嬌生（Johnson & Johnson）、迪士尼（Walt Disney）等公司的績效。事實上，根據美國《錢雜誌》（*Money Magazine*）的分析，在標普五百指數（S&P 500）的所有上市公司中，西南航空的投資人報酬率高居第一

（如果在一九七二年買進股票，直到二〇〇二年整整三十年都繼續持有的話）。無論根據哪一種衡量指標，這都是了不起的成績，如果再考慮到西南航空所處的環境在這段期間發生的劇烈風暴、重大衝擊和長期的不確定，這樣的績效就更驚人了。

西南航空為什麼能跨越重重難關？他們究竟如何掌控自己的命運？當其他航空公司紛紛不支倒地時，西南航空如何達到傲視群雄的績效？具體而言，為何西南航空能在極端環境中依然表現卓越，而對照公司「太平洋西南航空」（Pacific Southwest Airlines，簡稱ＰＳＡ）雖然身處相同產業，採取相同營運模式，也同樣有機會成為卓越企業，面對變局時卻備受打擊，變得無足輕重？兩家企業的對比充分展現了我們想要研究的重點。

考量新元素：環境變動

許多學生和讀者都問我們：「這項研究和你們過去針對卓越公司的研究，尤其是《基業長青》（*Built to Last*）和《從A到A+》（*Good to Great*），有什麼不同？」應該說，研究方法類似（都是歷史資料的比較分析），對卓越的深入探討也一致，但本研究和以往不同的是，我們並非單純根據企業的績效或成就來挑選案例，而是將變動劇烈的環境一併納入考量。

我們以績效加上環境作為篩選標準原因有二。第一，我們相信，在我們的餘生，未來依然難以預測，世界也仍舊動盪不安，我們想了解能夠在極端環境下排除萬難、亂中求勝的卓越組織，究竟有哪些獨到之處？其次，檢視這些在極端環境中依舊表現出類拔萃的卓越公司及其領導人時，我們可以獲得在承平時期無法體察的洞見。

不妨想像一下，你在風和日麗的好天氣，徜徉在草原上，輕鬆愉快地健行。同伴是一名傑出的登山專家，曾經率領探險隊攀登全世界最險峻的高峰。你或許注意到他和別人有點不同，也許更注意小徑的路況，或在為一日健行打包行囊時，比一般人更加仔細而思慮周密。但大體而言，在宜人的春日出遊其實十分安全，不太可能出現難以預料的狀況，所以也很難看出這位登山領隊究竟有何出眾的才能。反之，假如你現在正和這位登山專家一起攀登珠穆朗瑪峰，致命的風暴即將來襲，在這樣的環境中，你會更清楚看到他的獨到之處以及為何如此傑出。

研究領導人在極端環境下的表現，就好像做行為科學實驗，或使用實驗室離心機一樣：把領導人丟到極端動盪的環境裡，以明顯區隔出卓越和平庸的差異。我們的研究乃是要檢視真正卓越的企業置身於能凸顯和放大這些差異的環境時，如何脫穎而出，有別於只能算「還不錯」的公司。

接下來會簡短勾勒出我們的研究過程，並概略介紹其中一些令人訝異的發現（各位可以在附錄〈研究基礎〉中看到更多關於研究方法的詳細說明）。從第二章開始，我們會深入探討從這些卓越公司領導人身上學到的東西，第三章到第六章則說明他們如何領導和打造卓越企業，以及他們的做法如何有別於對照公司。到了第七章，我們將探討研究過程中大家特別感興趣的問題：運氣的成分。我們會定義什麼是「運氣」，並以量化方式分析運氣的成分，看看十倍勝公司是不是真的都特別幸運，還有各公司的運氣有何不同。

找出十倍勝公司

我們在研究計畫的第一年，把重心放在找出十倍勝公司的主要研究案例，從歷史資料中搜尋能通過下面三項檢驗標準的對象：

一、公司連續十五年都表現出色，超越股市平均績效及同業表現。

二、公司乃是在特別動盪不安的環境下（發生各種難以控制、瞬息萬變、高度不確定和可能造成損害的事件），仍能達成卓越績效。

三、公司經歷了從脆弱躍升到卓越的歷程，剛起步時只是羽翼未豐的小公司，後來逐步壯大，成為十倍勝公司。

我們系統化地從最初兩萬零四百家公司中經過層層淘汰，篩選出符合上述所有條件的案

表 1-1　最後篩選出來的十倍勝公司

十倍勝公司	研究分析的時期	投資 $10000 創造的價值 *	績效相較於大盤整體表現	績效相較於同業表現
安進（Amgen）	1980-2002	$4,500,000	24.0 倍	77.2 倍
生邁（Biomet）	1977-2002	$3,400,000	18.1 倍	11.2 倍
英特爾（Intel）	1968-2002	$3,900,000	20.7 倍	46.3 倍
微軟（Microsoft）	1975-2002	$10,600,000	56.0 倍	118.8 倍
前進保險（Progressive Insurance）	1965-2002	$2,700,000	14.6 倍	11.3 倍
西南航空（Southwest Airlines）	1967-2002	$12,000,000	63.4 倍	550.4 倍
史賽克（Stryker）	1977-2002	$5,300,000	28.0 倍	10.9 倍

* 累計股票報酬，股息重新投入。在 1972 年 12 月 31 日投資 10,000 美元於每一家公司，並繼續持有到 2002 年 12 月 31 日；如果公司在 1972 年 12 月 31 日還未上市，投資價值就根據大盤整體報酬率持續增加，直到可以取得該公司 CRSP 數據的第一個月為止。
本圖中所有股票報酬率計算的資料來源：©200601 CRSP®, Center for Research in Security Prices. Booth School of Business. The University of Chicago. Used with permission. All rights reserved. http://www.crsp.chicagobooth.edu.

例（參見附錄B）。因為我們想要研究在極端環境下的極端突出表現，因此採用極端的標準來篩選。最後挑選出來的十倍勝公司（參見表1-1），都在我們研究時期展現非凡卓越績效。

在繼續往下談之前，我想先提出一個有關研究案例的重點。我們研究的是企業截至二〇〇二年為止某段時期的表現，而不是目前的現狀。很可能等到你閱讀本書內容時，名單上的公司已經有一家或多家栽了跟頭，不再卓越，因此你感到很納悶：「但某某公司要怎麼說呢？這家公司今天似乎不像十倍勝的卓越公司。」但這就好比研究某球隊巔峰時期的表現。一九六〇和七〇年代，加州大學洛杉磯分校的籃球校隊棕熊隊（UCLA Bruins）在著名籃球教練伍登（John Wooden）調教下，十二年內贏得十次美國大學男籃（NCAA）大學男籃總冠軍。而即使伍登所建立的籃球王朝在他退休後也隨之沒落，不過從研究巔峰時期的棕熊隊中獲得的洞見仍然有其價值。同樣地，卓越企業有可能日後不再卓越（參見柯林斯的著作《為什麼A+巨人也會倒下》〔*How the Mighty Fall*〕），然而這並不會磨滅它曾經創造的輝煌歷史。我們的研究正是把焦點放在他們曾經打造的歷史王朝。

對比的力量

我們的研究方法乃是奠基於對照分析。關鍵問題不是「卓越公司有什麼共通點」，而是「卓越公司有哪些共通點，令他們有別於對照公司」。對照公司和十倍勝公司身處相同行

圖 1-1　對照研究
十倍勝公司 vs. 對照公司

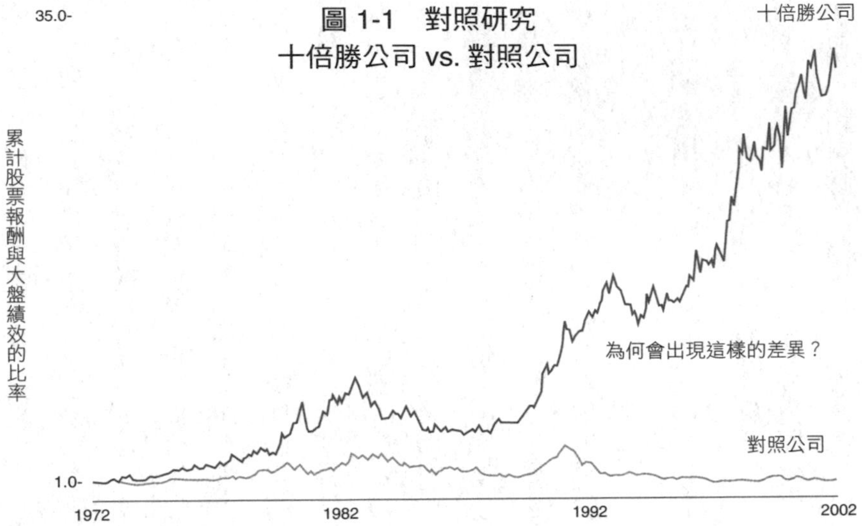

註：

1. 每家公司的股票價值乃根據大盤整體報酬率增加，直到可以取得該公司 CRSP 數據的第一個月為止。
2. 圖中所有計算股票報酬率的資料來源：© 200601 CRSP ®, Center for Research in Security Prices. Booth School of Business. The University of Chicago. Used with permission. All rights reserved. www.crsp.chicagobooth.edu.

業，他們在同一時期有相同或非常類似的機會，卻沒能產出同樣卓越的成果。

我們採用嚴謹的評分架構，有系統地為每一家十倍勝公司找到一家對照公司（參見附錄C）。整體而言，十倍勝公司的表現是對照公司的三十倍以上（請參見圖1-1）。我們的發現就來自於對十倍勝公司和對照公司在相關時期的比較分析。

以下是最後篩選出來的十倍勝公司，以及它們的對照公司：安進對基因科技公司（Genentech），生邁對科士納（Kirschner），英特爾對超微（Advanced Memory Systems，簡稱AMD），微軟對蘋果（Apple），前進保險對塞福柯（Safeco），西南航空對PSA，史賽克對美國外科手術公司（United States Surgical Corporation，簡稱USSC）。

讀者可能會問：為何要挑選蘋果公司為對照公司？

我們充分明白，在二〇一一年撰寫本書時，蘋果傳奇早已成為史上最扣人心弦的浴火重生故事，然而我們的研究是把焦點放在一九八〇和九〇年代的微軟與蘋果，當時微軟大幅領先，蘋果則搖搖欲墜。假如你在一九八〇年底蘋果公司上市的第一個月買了蘋果的股票，然後繼續持有直到二〇〇二年，結果你的投資報酬率會落後大盤八〇%。我們在後面的章節會提到，蘋果在賈伯斯（Steve Jobs）領導下東山再起的驚人表現。但值得注意的是，企業會隨著時間而改變，可能從對照公司變成十倍勝公司，反之亦然。從A到A+，始終都有可能。

意外的發現

接下來，我們針對每一個對照組合進行了深度的歷史分析。我們蒐集了七千多份歷史文獻，希望清楚了解每家公司從創立之初到二〇〇二年這段期間一年年演進的歷程。我們有系統的分門別類、分析數據，包括產業動態、創業基礎、組織、文化、創新、技術、風險、財務管理、策略、策略變化、速度及運氣（請參見附錄〈研究基礎〉，裡面會更詳細說明我們蒐集資料及分析資料的方式）。

我們展開這趟旅程時，並沒有試圖檢驗或證明任何理論。我們喜歡看到出乎意料之外的證據，並且因為各種新發現而改變原本的想法。

我們乃是根據蒐集到的資料來發展概念，從打地基開始，一步步建立起架構。我們採取的是反覆修正的方式，蒐集的數據資料會激發出許多想法，我們用證據來檢驗這些想法，觀察原本的概念如何在證據的影響下改變，然後新的想法取而代之，接著修正、檢驗、再度修正，直到概念通過證據的檢驗。

我們在衡量證據時，特別著重事件發生的時間。永遠把分析的焦點放在比較十倍勝公司和對照公司跨越不同時間的表現，並且問：「到底是哪裡不同？」事後證明，這種探詢方式格外有用，不但能因此發展出許多洞見，而且打破了一些根深柢固的迷思。事實上，許多發現完全違背我們的直覺，每一項重大發現都令我們感到驚訝。以下例子說明了這項研究打破的迷思：

根深柢固的迷思：亂世中的成功領導人都是有膽識、敢冒險、高瞻遠矚的領導人。

相反的發現：我們研究的這群傑出領導人沒有辦法預測未來。他們觀察有哪些做法行得通，弄清楚箇中原因，然後在實證的基礎上打造卓越公司。他們並沒有比對照公司更勇於冒險、更有膽識、更高瞻遠矚或更有創意，只是比較有紀律、更重視實證，也更偏執。

根深柢固的迷思：在瞬息萬變、混亂不確定的世界，十倍勝公司靠創新脫穎而出。

相反的發現：令我們訝異的是，並非如此。沒錯，十倍勝公司很重視創新，但並沒有證據顯示，十倍勝公司必然比對照公司更懂得創新；在某些案例中，十倍勝公司甚至不如對照公司創新。結果，創新本身並非我們預期的王牌，更重要的是，如何融合創造力與紀律，成功實現創新的能力。

根深柢固的迷思：在處處都是威脅的世界，必須靠速度取勝。速度不夠快就必死無疑。

相反的發現：如果你認為要在「快速的世界」取得領先地位，就必須「快速決策」，也「快速行動」，不顧一切追求「快！快！快！」，那麼可能反而加速自殺。十倍勝領導人會弄清楚什麼時候該快、什麼時候該慢。

根深柢固的迷思：必須在內部推動激烈變革，才足以應付外界的劇烈變化。

相反的發現：十倍勝公司反而沒有對照公司那麼積極因應外界變動。即使環境發生了驚天動地的巨變，不表示你們就得推動激烈的變革。

根深柢固的迷思：十倍勝的卓越公司比對照公司的運氣好多了。

相反的發現：大體而言，十倍勝公司並不會比較幸運。兩組公司的運氣（無論好運或壞運）其實差不多。關鍵不在於是否運氣比較好，而在於碰到種種不同機運時會怎麼做。

用新透鏡看老問題

我們過去曾有一系列研究，探討A^+公司如何有別於一般公司，從一九八九年的《基業長青》研究（由薄樂斯〔Jerry Porras〕主持）到後來的《從A到A^+》及《為什麼A^+巨人也會倒下》都屬於此系列。這些研究蒐集的完整資料涵蓋了七十五家公司的演變過程，加起來是超過六千年的公司發展史。所以，儘管本研究是獨特而原創的研究，卻可以將它視為我們漫長旅程的一部分，這場探索之旅的主要目的是探索一個問題：如何打造出一家偉大的卓越公司？

我們把每一項研究看成一個個能讓光線穿透、照亮黑盒子的小孔，讓我們找到A^+公司之所以有別於其他公司的持久特質和原則。每一項新研究都挖掘出新的動態，幫助我們從新角度看待過去發現的原則。我們不能聲稱，我們發現的原則是企業之所以卓越的原因（大概沒有一位社會科學家敢聲稱找到明確的因果關係），但可以說，我們找到根植於證據的關聯性。假如你有紀律地應用我們的發現，那麼你建立恆久卓越公司的機會可能高於採取對照公司的行為模式。

如果你曾經讀過《基業長青》、《從A到A^+》或《為什麼A^+巨人也會倒下》，你會注意到，在接下來的六章中，我們很少討論到上述幾本書的觀念。除了直接提及第五級領導人，我們刻意不在本書章節中提及刺蝟原則、先找到人、核心價值、膽大包天的目標、史托克戴爾弔詭、造鐘而非報時、企業衰敗的五階段或飛輪等概念。理由很單純，何必在這本書中強調過去已經完整說明的觀念呢？不過，我們確實檢驗了過去幾本書中提出的原則，並且發現這些原則在不確定的混亂世界中依然適用。在本書結尾的FAQ單元（〈你可能也想知道的問題〉）中，我們將說明本書的概念與前幾本書的關聯性。但本書的主要目的，仍是和各位分享我們從這項研究中得到的新觀念。

完成了相關研究後，我們心裡感到平靜許多，但不是因為我們認為人生從此會神奇地變得穩定而可以預測，即全球化、科技等種種複雜力量只會更加速環境的變化和動盪；我們之所以覺得平靜，是因為現在更了解應該如何生存、航行和致勝。我們更懂得如何為不可能預測的未來預做準備。

亂中求勝不單單是企業經營的挑戰，事實上，我們所有的研究本質都不是在談企業經營，而是談A^+組織和其他「只是還不錯」的組織有何差別。我們很好奇是哪些因素造就了各種類型恆久卓越的組織。我們採用上市公司的資料作為分析數據，是因為有清晰而一致的衡量指標（因此可以審慎挑選研究的案例），以及很容易取得的廣泛歷史資料。無論是卓越的公立學校、卓越的醫院、卓越的球隊、卓越的教堂、卓越的部隊、卓越的街友庇護所、卓越的交響樂團、卓越的非營利機構，都會各自根據自己的核心目的來定義成果，然而問題在於，每個組織在面對種種不確定時，如何達到非凡的績效。卓越不只是企業界追求的目標，而是人類共同的追求。

我們想邀請各位和我們一起踏上這個旅程，學習我們學到的教訓。請提出挑戰和質疑，讓證據說明一切。也請應用你們認為有用的做法來打造卓越企業，讓你們的組織不只是被動因應事件，還能主動塑造事件。

深具影響力的管理思想家杜拉克早就教導我們：預測未來最好的方法（或許是唯一的辦法），就是創造未來！

第二章

十倍勝領導力

十倍勝領導人坦然面對無法掌控的力量和種種不確定，
拒絕讓運氣、混亂或其他外在因素決定成敗，
他們決心為自己的命運擔當全部的責任。

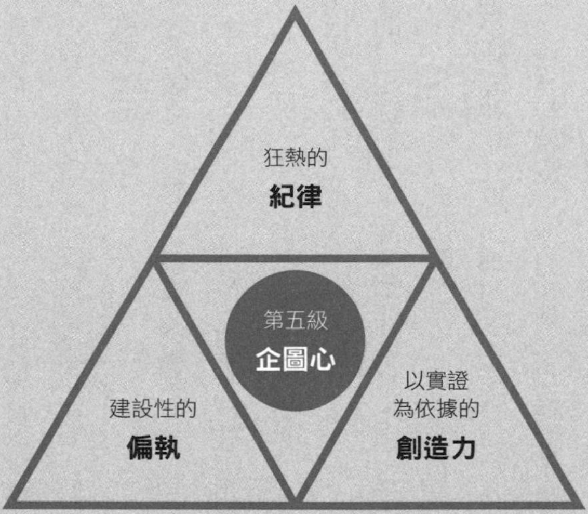

「勝利將降臨在準備好的人身上——而大家會說他真是幸運極了。未能及時採取必要預防措施的人必將失敗；而大家會說他運氣太差了。」

——亞孟森（Roald Amundsen），《南極點》（*The South Pole*）

一九一一年十月，兩支探險隊同樣做好了最後的準備，都希望自己能夠成為現代史上最先抵達南極點的隊伍。結果在這場競賽中，一支隊伍贏得最後勝利，平安回家；另一支隊伍則慘遭敗北，抵達南極點的時候，只看到對手三十四天前插下的旗子已在風中擺盪，接著他們就開始為自己的生命展開辛苦搏鬥，最後慘遭風暴吞噬。這支探險隊前進南極點的五名成員最後都命喪黃泉，他們在雪地上蹣跚而行，體力耗盡，又飽受凍傷之苦，終於在寫下最後的日誌、向摯愛的家人留言道別後，一個個凍死。

這真是近乎完美的對比！兩支探險隊的隊長，贏家亞孟森及輸家史考特（Robert Falcon Scott），不但年齡相近（三十九歲及四十三歲），經歷也相當。亞孟森曾率領探險隊率先成功穿越西北航道（Northwest Passage），也曾加入第一支在南極平安度過寒冬的探險隊；史考特則在一九〇二年率領南極探險隊抵達南緯八十二度。

亞孟森和史考特出發前往南極的時間只相隔幾天，兩人都要面對來回一千四百哩的漫長旅程（幾乎相當於從紐約到芝加哥來回），和極端不確定的嚴酷環境。即使夏天的南極，氣溫動輒可能降到華氏零下二十度，加上不斷怒號的狂風。別忘了，當時是一九一一年。他們沒辦法使用任何通訊設備和基地營通話，沒有無線電、沒有手機，也沒有衛星連線，假如失敗了，幾乎不可能有救援隊遠赴南極點拯救他們。結果，其中一位領導人率領探險隊成功抵達目的地，並安全歸來，另外一位領導人卻帶著隊員步向失敗和死亡。

這兩個人究竟有什麼不同之處？為什麼其中一人在極端嚴苛的條件下成功了，另一個人卻甚至連性命都不保？

這是很有趣的問題，對我們的研究主題而言，也是極為生動的比喻。兩位領導人都在極端的環境下追求極致的成就。結果在我們的研究中，十倍勝公司領導人的行為模式很像亞孟森，而對照企業領導人則比較像史考特。我們後面就會討論這些企業領導人的故事，但我想在這裡先詳細說一說亞孟森和史考特的故事（如果各位想要更深入了解亞孟森和史考特的故事，不妨閱讀亨特福德〔Roland Huntford〕的著作《地球上最後一個地方》（*The Last Place on Earth*），這本書對於兩位探險家有詳盡而出色的對照分析）。

你是亞孟森，還是史考特？

一八九九年，亞孟森將近三十歲，他從挪威啟程，準備前往西班牙，參加為期兩個月的帆船之旅。面對長達兩千哩的路程，亞孟森打算怎麼去西班牙呢？搭馬車？騎馬？坐船？還是搭火車？

結果他選擇騎單車。

接著，亞孟森還生吃海豚肉，試驗看看海豚肉能否供應人體所需的能量。他推斷，自己哪一天說不定會遭遇船難，發現身邊都圍繞著海豚，所以，最好先弄清楚海豚肉究竟能不能吃。多年來，亞孟森一直為自己追求的目標努力打根基，不斷鍛鍊身體，同時盡可能從實際經驗中累積有用的知識，了解哪些做法行得通、哪些行不通，生吃海豚肉只是其中之一。亞孟森甚至遠赴極地，見習愛斯基摩人的生活方式。如果你想知道應該如何應付極地嚴苛的生活環境，最好的方法莫過於花時間和愛斯基摩人一起生活，因為他們數百年來已經累積了在天寒地凍中生活的豐富經驗。亞孟森學習愛斯基摩人如何用狗來拉雪橇；他觀察到愛斯基摩人行動時總是不慌不忙，好整以暇，免得流太多汗，因為汗水在零度以下的低溫中可能凍結成冰；他也採用愛斯基摩人的穿著方式，總是挑選寬鬆（讓汗水比較容易蒸發）且能保護身體的服裝；他還有系統地練習愛斯基摩人的生活方式，訓練自己應付極地探險時可以想像得到的各種狀況。

亞孟森的哲學是：你不能等到風暴突然席捲而至，才發現自己不夠強壯，缺乏耐力；你不能等到發生船難，才考慮能不能生吃海豚肉的問題；你不能等到已經踏上南極探險之旅，才開始培養高超的滑雪技巧和駕馭狗的能力。你必須隨時做好充分準備，當環境惡化時，平時深藏不露的一身功夫就能派上用場。同樣的，如果你隨時做好充分準備，一旦情勢丕變，轉為對你有利，你就可以奮力出擊。

史考特則恰好相反。在南極探險之前幾年，他原本可以瘋狂地參加越野滑雪競賽，或來一趟千里單車行，然而他沒有這樣做；他原本可以遠赴極地，和愛斯基摩人一起生活一段時間，然而他沒有這樣做；他原本可以在事前多多練習駕馭狗的技巧，才會更安心地選用極地犬來拉雪橇（而不是仰賴馬匹），然而他沒有這樣做。馬和狗不同，馬會流汗，因此在雪地上掙扎前進時，很容易身上結一層冰，而且馬是草食動物，通常不吃肉（亞孟森則打算在路上宰殺幾隻體力較差的狗，來餵飽其他較強壯的狗）。史考特選擇用小馬來拉雪橇，而且孤注一擲，仰賴還沒有在極端嚴苛的極地環境下做過完整測試的「馬達雪橇」。結果啟程沒幾天，馬達雪橇的引擎就壞了，小馬沒多久也走不動了，於是，史考特的探險隊大半時候都靠「人力」拖拉雪橇，在雪地裡辛苦跋涉。

多餘的措施，並不多餘

亞孟森的做法則大相逕庭。他有系統地為各種無法預見的情況準備緩衝的替代方案。在設立補給站時，亞孟森不只在主要補給站插上旗幟，標明位置，還每隔一段距離就在兩旁插上黑色旗幟，共豎立了二十支旗子，在白雪中非常醒目。這樣一來，即使回程碰上暴風雪，方向稍微走偏了，他們仍然能在十公里寬的範圍內找到目標。亞孟森沿途做記號，每隔四分之一哩就放置一個多餘的包裝箱，每隔八哩路就插下一根掛著黑色旗幟的竹竿，方便回程時找路。史考特則恰好相反。他只在主要補給站插了一支旗子，沿路沒有留下任何記號，因此只要稍微偏離路線，就會陷入險境。

亞孟森為五位探險隊員儲存了三公噸的補給品，史考特的探險隊總共有十七人，卻只準備了一公噸的補給品。在最後一次嘗試從南緯八十二度前進南極點時，亞孟森攜帶了充分的額外補給品，因此即使錯過所有的補給站，仍有充足的補給品，可以再走一百哩路。史考特則不同，他每樣東西都算得剛剛好，所以即使只錯過一個補給站，都可能釀成巨災。其中有個細節正足以凸顯兩人不同的做法：史考特只為重要的海拔測量裝置帶了一支溫度計，所以當溫度計打碎時，他大發雷霆；亞孟森則帶了四支同類溫度計，以因應所有意外狀況。

亞孟森完全不知道前面會遭遇什麼狀況。他無法掌握確切的地形，不清楚山中隘口的高度，也不知道沿路可能碰到的阻礙。但他設計行程時，努力將各種外在力量和偶發事件發生的機率都納入考量，有系統地降低這些因素的影響。他假定旅程中一定會發生不利的情況，並預先做好準備，甚至規畫應變方案，因此即使在路上遭逢不幸，探險隊仍能繼續前進。史考特則毫無準備，旅途中只一味地抱怨運氣不好。史考特在日誌中寫道：「我們運氣太差，天氣糟透了。」在另外一篇日誌中又寫：「我們真是特別的不幸……運氣實在太重要了！」

一九一一年十二月十五日，豔陽高照著雪白大地，微風吹拂，在華氏零下十度的低溫下，亞孟森抵達南極點，和隊友插上挪威國旗，「旗子在風中展開，劈啪作響」。他們把這片高原獻給挪威國王，然後立刻開始工作，架好營帳，在裡面放了一封致挪威國王的信函，描述這次成功的探險，但在信封上的收件人欄位，亞孟森寫的是史考特隊長的名字（因為他假定史考特的探險隊將是繼他們之後抵達南極點的隊伍）。這是亞孟森的預防措施，如此一來，萬一他的探險隊在回程碰到意外，史考特還可以幫他把信帶回挪威。他當時完全無從得知，史考特的探險隊靠人力拖著雪橇，遠遠落後他們三百六十哩。

一個多月後，在一九一二年一月十七日晚間六點半，史考特也抵達南極點了。他瞪著亞孟森插在那裡的挪威國旗，在日記寫下：「今天真是糟透了，在華氏零下二十二度的低溫，頂著四、五級強風前進，結果大失所望……我的天！這真是個可怕的地方，我們費盡千辛萬苦，長途跋涉到這裡，卻被別人捷足先登，真是糟糕透頂！」

相同的環境考驗，不同的行為模式

就在同一天，亞孟森已經往北走了將近五百哩路，只剩下八天較輕鬆的路程，就可以抵達南緯八十二度的補給站。而史考特才開始掉轉回頭，朝北踏上回程，要靠人力拖雪橇，再走七百多哩路，才能回到基地營。這時候，季節已經開始變換，天氣愈來愈惡劣，風逐漸增強，氣溫也愈來愈低，補給品日益稀少，探險隊員在雪地上辛苦跋涉。

亞孟森的探險隊完全照原訂計畫，在一月二十五日安然返抵基地營。史考特則在補給品耗盡後，精疲力竭、心情抑鬱地在三月中停下腳步。八個月後，一支英國偵查隊在白雪覆蓋的殘破小帳篷中，發現了史考特和兩名隊員冰凍的遺體，他們喪命之處離最近的補給站只有十哩路遠。

亞孟森和史考特最後的下場之所以截然不同，並非因為他們面對了截然不同的環境。亞孟森和史考特在探險之旅的頭三十四天，碰到的天氣狀況完全相同，好天氣對壞天氣的比例是百分之五十六。如果他們在同一年設定相同的目標，面對相同的環境，那麼導致他們成敗的因素就不能完全推給環境。他們的結局之所以大相逕庭，主要是因為兩人展現了截然不同的行為模式。

我們研究的企業領導人也一樣。十倍勝企業和對照企業正如同亞孟森和史考特，都在相同的時間面對相同的環境考驗。然而有些領導人證明了自己可以創造出十倍勝的績效，對照企業的領導人卻辦不到。我們所謂的「十倍勝領導人」是指能夠打造出十倍勝公司的領導人。我們在研究中觀察到，十倍勝領導人都展現出有別於對照企業領導人的共同行為特質。我們會在本章介紹這些特質，並在接下來幾章描述這些十倍勝領導人如何打造出符合這些特質的成功企業。

我們比較了十倍勝領導人和沒那麼成功的對照企業領導人之後發現：

他們的創造力沒有比較豐富。
他們的目光沒有比較遠大。
他們並非更有魅力。
他們也非更有雄心壯志。
他們的運氣不會特別好。

他們不比對照企業領導人更具冒險精神。

他們並非更有英雄氣概。

他們也不見得更勇於採取大膽的行動。

我們並不是說十倍勝領導人欠缺高度創造力，也毫無雄心壯志或承擔高風險的勇氣。事實上，在他們身上都可以看到這些特質，問題是，不那麼傑出的對照企業領導人在這些方面也毫不遜色。

那麼，十倍勝領導人究竟有什麼特殊本事呢？

首先，十倍勝領導人欣然接受他們所面對的弔詭，在無法掌控的世界裡，盡可能掌控自己能掌控的部分。

> 十倍勝領導人一方面了解他們面對的是持續的不確定狀況，他們無法掌控、也無法準確預測周遭世界的重大變化。另一方面，十倍勝領導人拒絕讓無法掌控的外在力量或偶發事件決定結果；他們決心為自己的命運擔當全部的責任。

十倍勝領導人透過三個核心行為模式來落實這樣的觀念：狂熱的紀律、以實證為依據的創造力，以及建設性的偏執。而在這三個核心行為背後的驅動力則是第五級企圖心（請參見

圖 2-1　十倍勝領導力

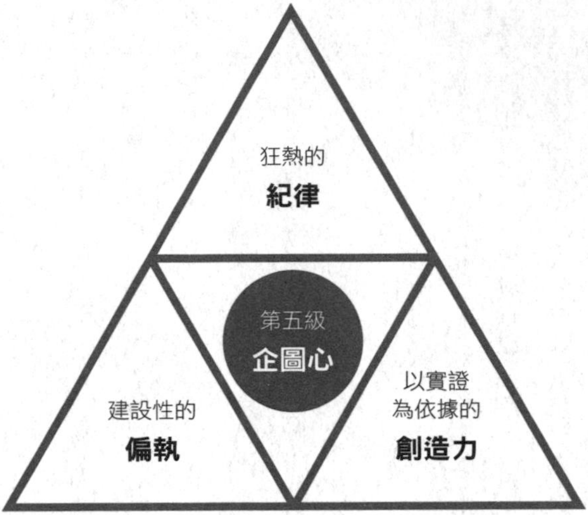

圖2-1）。他們之所以能在高度不確定的混亂環境中獲得十倍勝成果，和這些行為特質有明顯關聯，我們會在後面章節中一一說明。能秉持狂熱的紀律，十倍勝企業才不會偏離軌道；發揮創造力時能以實證為依據，十倍勝企業才能始終充滿活力，生氣勃勃；建設性的偏執令他們屹立不搖；第五級企圖心則鼓舞人心，激發動能。

一九九〇年代末，前進保險公司股價瘋狂波動，執行長路易斯（Peter Lewis）面對的是彷彿失去理智的華爾街。一九九八年十月十六日，前進保險的股價突然上漲二十美元，一天之內竄升一八％。前進保險公司那天有沒有發生什麼根本變化？沒有。經濟情勢是否出現戲劇性波動？沒有。大盤那天有沒有強勁反彈？沒有。一九九八年十月十六日那天，對前進保險公司而言，絕對沒有發生任何大事，然而他們的股價飛也似地暴漲了一八%。

接著在下一季，一九九九年一月二十六日，前進保險公司的股價暴跌了將近三十美元，單日跌幅高達一九%。前進保險公司那天有沒有發生什麼根本變化？沒有。經濟情勢是否出現戲劇性波動？沒有。大盤那天有沒有崩盤？沒有。一九九九年一月二十六日那天，對前進保險公司而言，絕對沒有發生任何大事，然而他們的股價暴跌了一九%。

狂熱的紀律

前進保險公司的股價之所以暴起暴跌，有一部分和執行長路易斯的信念有關。路易斯認為，為了滿足華爾街的需求而操弄盈餘數字，是不誠實的行為。他拒絕和華爾街一起玩遊戲，也就是告訴分析師下一季的預期收益，好讓他們更準確地「預測」企業獲利。在路易斯眼中，這是華爾街分析師不肯下工夫深入研讀資料和實地考察而只想抄捷徑的做法。路易斯也不認同企業應該「管理盈餘」的觀念，即調整每季財報中披露的盈餘數字，以免波動過大，驚擾市場。他認為，玩這類把戲都是缺乏紀律的表現。但問題來了，由於路易斯拒絕這種「我告訴你我們會有多少盈餘，然後你預測我們會有多少盈餘，於是大家都很開心」的模式，由於他拒絕調整盈餘數字，分析師無法準確預估前進保險的盈餘，一位分析師便抱怨：「我擲銅板賭一賭，得到的結果大概都差不多。」

於是，一九九八年十月十六日，當前進保險公司的每股盈餘超出分析師預期的四毛四時，自然推升股價暴漲。然後在一九九九年一月二十六日，由於前進保險公司的每股盈餘低於分析師預期的一毛六，股價又直線下跌。假如路易斯繼續拒絕玩這個遊戲，前進保險公司的股價會不斷劇烈震盪，公司就有遭到惡意收購者狙擊之虞。對這樣的風險視而不見，就好像南極探險隊忽略了可能在突然來襲的暴風雪中喪命的風險一樣。但屈從於市場要求，又有違路易斯的原則，那麼他該怎麼辦呢？

路易斯不願採取方案A（忽視風險），也不願接受方案B（對市場妥協），而選擇了方案Q。於是，前進保險公司成為美國上市公司中第一個每月發布財報的公司。如此一來，分析師可從公司每月實際績效數據中，更準確地推估出每季的財務數字。其他公司之所以乖乖陪著分析師玩遊戲，是因為他們認為自己別無選擇，只能受制於這股無法控制的巨大力量。但是在路易斯的領導下，前進保險公司掙脫牢籠。路易斯承認壓力確實存在，但他以聰明的做法減緩了壓力產生的效應。

那麼，這個故事和「紀律」有什麼關係呢？

基本上，紀律代表行動的一致性，和價值觀一致，和長期目標一致，和績效標準一致，和做事方式一致，而且歷經時間考驗，仍然前後一致。紀律不是嚴密管制，紀律也不等同於衡量標準，紀律更不代表服從上級或遵守官僚制度。要建立真正的紀律，你必須具備獨立思考能力，不願在壓力下採取和價值觀、績效標準及長期目標不一致的做法。對十倍勝領導人而言，唯一合理的紀律是自我紀律，是個人發自內心的自我意願，無論碰到多大困難，都要盡一切辦法創造出卓越的成果。

十倍勝領導人不屈不撓，他們會近乎偏執地一心一意追求目標；他們不會對突發事件過度反應，也不會盲目從眾，或看到吸引人（但不恰當）的機會就一頭栽進去。他們有堅忍不拔的毅力，能夠堅持標準，不輕易妥協，但又有充分的紀律，不會走過頭。

我們的研究小組在討論時絞盡腦汁，不知道怎樣才能找到最好的形容詞，來描繪我們在十倍勝領導人身上看到的紀律。大多數的企業執行長都具有某種程度的紀律，但十倍勝領導人的紀律完全在不一樣的層次。我們的結論是，十倍勝領導人不是僅僅有紀律而已，而是狂熱堅持紀律。路易斯決定每個月都發布財報，如同亞孟森決定從挪威一路騎單車到西班牙，以及生吃海豚肉，這都不是一般人會做的事情。

西南航空公司的凱勒赫（Herb Kelleher）深信，必須網羅充滿叛逆性「戰鬥精神」的熱情員工，塑造勇於破舊立新的文化，但同時又維持高昂的歡樂氣氛。他知道，當員工能從工作中獲得莫大樂趣且熱愛公司時，自然會提供顧客卓越的服務。他也深知，當公司從只有十來架飛機的德州小型通勤航空公司逐漸壯大為全國性的大型航空公司時，要維持這樣的企業文化會愈來愈困難，也愈來愈重要。所以，凱勒赫以身作則，狂熱地親身實踐企業文化。

凱勒赫告訴美國《六十分鐘》（*60 Minutes*）電視節目：「全美國的航空公司總裁中，只有我會在凌晨兩點鐘頭戴花帽、身穿紫衣，脖子還圍上羽毛圍巾，跑到維修飛機的機棚去。」當他應邀為《德克薩斯月刊》（*Texas Monthly*）拍攝封面照時，他穿著白色西裝出現，領口敞開，露出胸部，當期雜誌的封面標題是「賀比瘋了」，封面照片可以看到凱勒赫跳著類似貓王的舞步。當西南航空和史蒂文斯飛行公司（Stevens Aviation）因廣告標語雷同而發生糾紛時，凱勒赫解決爭端的方式不是和史蒂文斯的總裁法庭相見，而是在數百名拿著彩球加油的員工面前，比腕力決勝負。研究小組在討論時開玩笑說，凱勒赫特藝七彩的古怪行徑，不禁令人聯想到作家湯姆森（Hunter S. Thompson）的名言，不過要稍稍改一下，變成：「當事情變得愈來愈古怪時，怪胎會當上CEO。」

但一味地把凱勒赫的奇特行徑解釋為搞怪，則完全錯失了重點。凱勒赫不是為了搞怪而搞怪，而是展現超乎尋常的一貫作風，以現身說法鼓舞及活化企業文化，就像優秀的演員在舞台上會完美投入角色、隨時入戲。凱勒赫在打造西南航空公司時，也變成絕對的偏執狂，堅持將西南航空塑造為充滿歡樂的最佳廉價航空公司，在競爭對手環伺下，贏得每一場戰役和每一場戰爭。凱勒赫曾在一九八七年表示：「我在閒暇時仍繼續工作，每個星期有七天，我通常工作到晚上八、九點。」然後他會在就寢前花點時間閱讀，他家裡有幾千本藏書。

凱勒赫和拳王阿里（Muhammad Ali）一樣，貌似滑稽古怪，老愛虛張聲勢，骨子裡其實極度認真。你或許覺得凱勒赫很好笑，如同阿里開記者會時，你總是看得很開心，但如果你膽敢挑戰他們，會發現自己很快就一敗塗地。凱勒赫有一次對西南航空的員工談話時，展現了他凶猛的競爭心態，他表示：「如果有人說要當面給我們一巴掌，那麼我們就來個迎頭痛擊，把他們打得倒地不起，一腳踢到陰溝裡，然後跨過他們，繼續朝下一個目標邁進。」

凱勒赫、路易斯和我們研究的所有十倍勝領導人一樣，都是特立獨行、不肯墨守成規的人。他們重視價值、目的、長期目標和嚴格的績效標準，同時以狂熱的紀律堅持這些價值、目的、長期目標和嚴格的績效標準。如果因此必須偏離常軌，採取與眾不同的做法，也在所不惜。他們不會受外在壓力、甚至社會規範的影響。在不確定且冷酷無情的環境中，盲目從眾不啻死路一條。

為什麼他們能具備這樣的獨立思考和判斷能力呢？不是因為他們骨子裡比別人更膽大包天，也不是因為他們比別人更叛逆、更急切，而是因為他們更重視實證，因此接下來要討論的，就是十倍勝領導力的第二個核心行為。

以實證為依據的創造力

一九九四年，英特爾執行長葛洛夫（Andy Grove）去醫院做例行血液檢查，卻帶著令人擔心的數字回家：他的攝護腺特異性抗原（prostate-specific antigen, PSA）數值是五，表示攝護腺可能長了一顆方糖大小的腫瘤。醫生建議葛洛夫先去看泌尿科。換做是別人，大都會乖乖聽醫生的話，葛洛夫則不然。他開始大量閱讀醫藥界科學家寫給同行看的研究論文，並深入了解資料的意義：攝護腺特異性抗原檢驗結果代表什麼意義？其中蘊含了什麼樣的生化機制？攝護腺癌的統計數據為何？各種療法各有何利弊？除此之外，他決定好好檢驗一下這些方式，弄清楚自己的檢驗數值是怎麼回事。於是，葛洛夫把自己的血液樣本寄給不同的實驗室，釐清各實驗室的檢驗結果有多大差異。等到做完這些事情之後，他才和泌尿科醫生約時間。

但即使在那時候，葛洛夫仍然沒有完全依賴醫生來擬定治療計畫。做過核磁共振造影（MRI）和骨骼掃描後，他展開了更廣泛的研究，直接挖掘原始資料。他找出攝護腺參考書書目中列出的所有文章，全部讀完之後，又搜尋在那本參考書出版後六到九個月間發表的科學文獻，接著找出那些論文中引用的更多參考資料。身為企業執行長，葛洛夫白天的行程滿檔，只能在晚上進行攝護腺的研究，分析數據，交互參考不同的研究，試圖理解研究的意義。透過研究他發現，醫療界正針對不同的癌症療法掀起激烈論戰。葛洛夫明白，他終究還是得自己拿定主意，自己計算機率，並根據所蒐集的資料和數據，針對治療方案，推出最合理的結論。他後來在《財星》（*Fortune*）雜誌中寫道：「身為病人，我的生命和福祉要仰賴一致的見解。我明白我得自己做一些跨領域的研究工作。」

葛洛夫做了活組織切片檢查，證實攝護腺中確實長了一顆中度侵犯性腫瘤，葛洛夫運用非凡的智力思考接下來該怎麼辦。癌症療法通常不外乎「切」（手術切除）、「曬」（放射線治療）或「毒」（化療）的組合，每一種選擇方案都有其副作用、後遺症和不同的存活率。更何況每位醫生都偏好某種特別的療法，也深受自己專業領域的影響（假如你是鎚子，那麼你會把每個東西都看成釘子）。葛洛夫發現，冷凍手術、外部放射線治療、放射株植入療法、高劑量放射線治療和組合式療法都各有支持者。手術是最重要的傳統治療方式，但葛洛夫親自剖析證據之後，做出不同的選擇（他選擇了組合式放射線療法）。他回想：「我決定押注在自己的分析圖表上。」

你可能會想：「我的天，他真是自大的怪胎！他憑什麼認為自己可以蔑視整個醫學界的看法？」但這麼說好了，葛洛夫發現，即使在醫學界內部，大家的意見也非常不一致，科技日新月異，更提高了種種不確定性。假如葛洛夫的手臂斷了，對於應該採取什麼療法，他一定會十分篤定，毫不猶疑，而且無論如何都不會有喪命之虞。但面對極端不確定的情況，加上可能的嚴重後果，他和其他十倍勝領導人一樣，決定直接訴諸通過實際驗證後的證據。

社會心理學研究指出，在不確定的時代，大多數人都會仰仗他人（權威人士、同儕、團體規範）來指點迷津。相反的，十倍勝領導人面對不確定的狀況時，不會依賴傳統智慧來扮演指路明燈，也不會一味地仿效其他人的做法，或聽從權威人士和專家的建議，他們會以實證為判斷的基礎。

重點不在於純粹為了與眾不同而與眾不同，為了不要人云亦云而獨立思考。重點在於要以實證來支持精神上的獨立和檢驗創造性的本能。我們所謂的「實證」乃是指靠直接觀察、實際做實驗、並直接訴諸證據為判斷基準，而不是仰賴別人的意見、一時心血來潮、傳統智慧、權威人士的看法或未經檢驗的想法。有了實證基礎後，十倍勝領導人才能大膽創新，並控制可能的風險。葛洛夫採取了非比尋常、甚至極具創意的方式來抗癌，然而他的行動乃是根植於嚴密的實證。

亞孟森在策畫南極探險之旅時，把基地營設在其他人從來不曾認真考慮過的地點，這個大膽的舉動讓他從一開始就比其他人更接近南極點六十哩。每個人都認為，麥克默多峽灣（McMurdo Sound）是南極探險最好的啟程點。其他探險隊都選擇這個地點，而且過去的經驗也證明這裡是穩定且適合架設基地營的地方。亞孟森卻看到不同的選擇：鯨魚灣（Bay of Whales）。其他探險隊隊長都認為鯨魚灣的冰棚很不穩定，在那裡紮營實在太莽撞，有勇無謀。但亞孟森蒐集了許多南極探險隊留下的日誌和筆記（甚至遠溯至一八四一年探險家羅斯〔James C. Ross〕的南極探險之旅），詳細研究種種細節，深入探討各項證據，注意其中的共通點和差異處，評估所有的選擇方案。他注意到一件有趣的事情，其他人聽從傳統智慧，基於對鯨魚灣的不信任，都忽略了這件事：七十年來，探險隊一直在同一個地方看到圓頂般的特殊景觀，亞孟森因此推論，這裡的冰棚其實上非常穩定。對於亞孟森的決定，亨特福德寫道：「由於亞孟森是第一個研讀這些原始資料的人，因此他也是第一個得出這個明顯結論的人……（他）是稀有動物，是智識型的極地探險家；有能力檢視證據，做出合理推論。」

十倍勝領導人在採取行動時，通常不會比對照企業領導人更大膽；兩組領導人都勇於豪賭，能在必要的時候採取戲劇性的行動。十倍勝領導人並不會比對照企業領導人更加自信滿滿，但十倍勝領導人的決策和行動都更根植於實證基礎，他們的自信乃是源於充分的證據，所以風險也十分有限。

那麼，十倍勝領導人會不會因為太強調實證而變得猶豫不決？那倒不見得。葛洛夫在埋首分析大量證據後，果斷地對癌症採取行動，正如同亞孟森果斷地決定在鯨魚灣登陸。他們都寧可把果決的行動建立在實證的基礎上。

不過，儘管他們透過實證而建立信心，十倍勝領導人絕不會輕易就感到安逸；的確，他們仍然戒慎恐懼，擔心眼前不知還會出現什麼樣的危險。事實上，他們隨時準備好正面迎戰自己最害怕的危機，所以接下來要談的就是十倍勝領導人的第三個核心行為模式。

建設性的偏執

一九八六年初，微軟領導人與承銷商和律師共聚一堂，為微軟首次公開發行股票的招股說明書召開編輯會議。承銷商和律師為了能充分披露投資人應該考量的風險，已經準備扮黑臉，和微軟領導人來一場唇槍舌戰。但出乎意料之外的是，微軟領導人並沒有過度樂觀地強調微軟銳不可擋的成功，拚命粉飾太平，當時的微軟副總裁、「末日博士」鮑爾默（Steve

Ballmer）反而透過一個個未來情境，說明微軟可能遭遇的風險、致命的危機、毀滅性的攻擊，以及各種不幸和災難。他們在會談中提出微軟可能面臨的各種嚴峻情勢，承銷商振筆疾書。最後，在停下來消化所有可能面對的慘烈廝殺、嚴酷競爭後，其中一位承銷人員對鮑爾默表示：「我心情不好的時候，絕對不想聽你說話。」

事實上，鮑爾默是在上司比爾・蓋茲（Bill Gates）調教下，變成憂心族的一員，蓋茲才是真正的建設性偏執大師。鮑爾默當年放棄了史丹佛企管研究所的學業，參與好友蓋茲的創業冒險。鮑爾默還記得，當時他計算了一下微軟的成長速度，推斷微軟可能需要雇用十七名員工。蓋茲聽了大發雷霆。十七個人？鮑爾默，你想害公司破產嗎？十七個人？門兒都沒有！十七個人？微軟絕對不會讓自己陷入破產的險境！十七個人？微軟手上必須掌握足以支撐公司一年營運的現金，即使連一分錢的收入都沒有，仍然可以維持整整一年！

「應該讓恐懼發揮潛在的引導力量。」蓋茲在一九九四年表示，「我經常思考失敗的可能性。」他在辦公室裡掛著福特（Henry Ford）的照片，提醒自己，即使是最偉大的創業成就都可能被超越，就好像在汽車發展史的早期，福特公司就被通用汽車公司迎頭趕上一樣。他經常擔心誰會是下一個比爾・蓋茲：某個可怕的高中生每天花二十二小時，在昏暗的小房間裡埋頭苦幹，結果就寫出可以打敗微軟的致命武器。

蓋茲著名的「噩夢備忘錄」最能反映出他憂心忡忡的一面。從一九九一年六月十七日到六月二十日，微軟股價突然暴跌一一％，蓋茲的個人財富也憑空蒸發了三億多美元，原因是

《聖荷西信使報》（*San Jose Mercury News*）拿到一張蓋茲親筆寫的備忘錄，上面寫滿了各種「夢魘般」的情境，列出一連串蓋茲擔心的問題和可能的威脅（關於競爭對手、科技發展、智慧財產權、法律訴訟和微軟在顧客服務上的缺點）同時還聲稱：「我們的噩夢……已成事實」。別忘了，蓋茲寫這份備忘錄的時候，微軟正快速發展為電腦業最強大的企業，微軟視窗軟體也即將成為史上最具主導優勢的軟體產品。任何了解蓋茲的人都明白，備忘錄的內容其實不代表微軟面對的情勢有什麼改變；只不過蓋茲永遠活在恐懼中，總是覺得微軟很脆弱，而且他還會繼續像這樣憂心忡忡。在「噩夢備忘錄」遭披露後一年，蓋茲表示：「假如我真的相信我們已經天下無敵，那麼我想我會花更多時間度假。」

一九八〇年代中期到一九九〇年代初期領導蘋果公司的史考利（John Scully）則恰好相反。一九八八年，蘋果公司情勢大好。《今日美國報》（*USA Today*）報導：「蘋果公司不只是東山再起，而且展現了一九八三年以來最強勁快速的成長力道。過去三季，蘋果公司的營收比去年同期攀升五〇％以上，純益竄升幅度也超過一〇〇％。依照這個速度，這家電腦製造公司一九八八年的全年銷售額和淨利將在兩年內加倍成長。」

那麼，史考利有什麼反應？他是否活在恐懼中，深怕蘋果成功後，厄運也會接踵而至？史考利宣布休假九個星期。

九個星期！

持平而論，史考利並沒有打算整整九個星期都失去蹤影，他還是會出席一些活動，例如開董事會、會見證券分析師，以及出席MacWorld大會。不過與蓋茲成功後仍憂心忡忡的反應相較，史考利的態度呈現鮮明的對比。《今日美國報》的那篇報導還引用史考利的話：「我們的團隊已經各就各位，公司蓬勃發展，所以我要去釣魚了。」

第二年，蘋果公司的股東權益報酬率開始下滑，一九八八年還有將近四〇%的水平，一九九四年卻降為一三%（這時候史考利已經離開蘋果公司），到了一九九六年更轉為負值。蘋果公司繼續節節敗退，直到賈伯斯在一九九〇年代末期重返蘋果公司、擔任領導人，才見起色。我們倒不是要強調史考利休個長假，就會導致蘋果業績下滑，或史考利很懶散（當他全心投入時，他展現絕佳的工作倫理）；而是想指出，相較之下，無論微軟多麼成功，蓋茲隨時都展現建設性的偏執與疑懼。

十倍勝公司和其他較不成功的對照公司不同之處在於，無論身處順境或逆境，他們始終戒慎恐懼，保持高度警覺。即使萬里無雲、一切順利，他們仍然認為情勢隨時可能逆轉，變得對他們不利。的確，他們有百分之百的把握，在某個無法預測的意外時刻，在某個極端困難的時候，情勢絕對會毫無預警地急轉直下，因此最好事先做好充分準備。

無論是西南航空的凱勒赫曾在過去三次衰退中預測了十一次衰退，英特爾的葛洛夫

「在一線亮光中看到籠罩的烏雲」，安進公司執行長夏爾（Kevin Sharer）在辦公室裡高掛卡士達將軍（George A. Custer，曾率領騎兵隊在美國蒙大拿州的小大角突襲印第安人，卻遭到全數殲滅）的畫像，提醒自己過度自信會帶來滅亡，或是蓋茲在微軟發出噩夢備忘錄，基本上都是十倍勝領導人共通的行為模式。他們坦然面對無數可能的危險，設法跨越難關，讓自己立於不敗之地。

十倍勝領導人與眾不同之處不是表面上的偏執，而是能採取有效的行動。如果能把憂慮不安的情緒導向充分的準備和冷靜的行動，那麼偏執的行為就能發揮莫大的效用，這就是我們所謂的「建設性偏執」（能將戒慎恐懼導向未雨綢繆與建設性行動的十倍勝行為模式，而非臨床醫學上的「偏執狂」）。

蓋茲並非只是焦慮地坐在那兒寫「噩夢備忘錄」，而是化恐懼為實際行動：降低辦公室費用，網羅更優秀的人才，建立更多現金存量，同時保持領先地位，努力開發下一代軟體，以及再下一代又下一代的產品。就好像亞孟森會儲存大量的備用補給品一樣，十倍勝領導人在財務上也採取保守立場，他們會儲存大量現金，以備不時之需。就好像亞孟森意識到採用未經檢驗的技術和方法蘊含了極大風險，十倍勝領導人也避免冒不必要的風險，以免置公司於險境。他們和亞孟森一樣深思熟慮，講求方法，透過有系統的準備，才能在難以預測、嚴酷無情的環境中成功。他們總是不斷地問：「萬一……？萬一……？萬一……？」

建設性的偏執不只是避免危險，設法找到最安全、最愉快的路徑而已；十倍勝領導人致力於追求偉大的成就，不管是達成雄心壯志、打造卓越公司、實現改變世界的崇高理想，或渴望一展所長，做出最大的貢獻。的確，從整個人生的角度來看，他們擔心的不是無法保護自己所有，而是要開創超越小我的偉大成就，因此我們接下來要討論的，就是這三個十倍勝核心行為模式背後的驅動力。

第五級企圖心

我們起先很納悶：「為什麼還會有人想和這些人共事？」他們似乎有點偏激，是特立獨行的偏執者，和他們一起工作鐵定累得半死。最初研究小組在討論中把他們貼上「PNF」（Paranoid, neurotic freak）的標籤，意思是「偏執又神經兮兮的怪胎」，不過事實上，他們在追求目標的過程中，吸引了成千上萬的人共襄盛舉。如果他們純粹是自私自利、反社會又偏執的怪胎，不可能打造出真正卓越的組織，那麼人們為何願意追隨他們呢？

原因在於，十倍勝領導人能將自我意識和強烈熱情灌注於超越小我的更遠大、更持久的目標上，這樣的雄心壯志產生了深度的吸引力。當然他們同樣野心勃勃，但他們強烈的企圖心不是為了自己，而是為了更遠大的目的，可能是建立卓越的公司、改造世界或實現某個偉大的目標，總而言之，都不是為了自己。

一九九二年，美國《商業週刊》（*Business Week*）刊登一篇特別報導，分析企業執行長的薪酬與公司績效的關係。結果生邁公司（我們研究的十倍勝公司之一）的米勒（Dane

Miller）排名第一，他領到的每塊錢薪酬所創造的價值高於其他任何一位執行長。而且這樣的好表現並非曇花一現，他十多年來一直在《富比士》（*Forbes*）、《商業週刊》、《企業執行長雜誌》（*Chief Executive Magazine*）等財經雜誌的排行榜上名列前茅。別忘了，一九九〇年代，拜股票選擇權之賜，企業主管拿到的酬勞開始節節攀升，公司業績好的時候，執行長可以得到很大的好處，而公司表現不佳的時候，他們也沒什麼損失。那麼米勒當時的股票選擇權方案是什麼呢？零。他的員工都享有股票選擇權，他自己卻沒有選擇權，而直接持有公司股票，無論公司經營績效好壞，都影響到他的私人財富。就某個角度而言，與一般企業界的薪酬標準相較之下，米勒可說是全世界報酬最低的執行長。

但米勒始終心存感激，他曾在二〇〇〇年指出，他的人生完全奉獻給家庭和生邁公司。他說：「我這輩子沒有其他想做的事。我每天都過得很開心，我在工作中獲得莫大的樂趣，沒有什麼比目前的工作更能令我振奮。」至於相對於他所創造的價值，他領到的報酬過低這件事，他不贊成大量發放只看好不看壞的股票選擇權。他認為，只為了給更多、更多又更多，而給員工更多、更多又更多，有什麼意義呢？「多發十萬股的股票能增加什麼累進的價值？」他哼著鼻子說，「有時候，你只是在滿足無法控制的貪婪情結。」

我們在《從A到A^+》中花了很多篇幅討論第五級領導人，即能融合專業堅持和謙沖為懷兩種特質的領導人。在《從A到A^+》的研究中，每一家從優秀躍升到卓越境界的公司，都會先出現一位低調且不喜受人矚目的第五級領導人，他們著重建立標準，而不是靠鼓舞人心的人格特質來領導。乍看之下，某些十倍勝領導人似乎不怎麼像第五級領導人。凱勒赫作風滑稽，性喜誇耀，好笑的舉止總是成為外界注目的焦點。路易斯也一樣。我們檢視數十年來前進保險公司有關路易斯時代的文件時，看到各式各樣的形容詞：「分明就是個怪人」、「怪胎」、「喜歡打破傳統」、「狂人」、「性情古怪」、「跳脫正常框架」、「沒有任何音樂細胞的搖滾明星」。路易斯在公司每年致股東的信函上署名時，突兀地簽下：「喜悅、愛與和平——彼得．路易斯」。有一年萬聖節，他打扮得像個獨行俠，手握玩具槍，在〈威廉泰爾序曲〉（William Tell Overture）的樂聲中，昂首闊步走進董事會的會議室，彷彿自以為是假面人。在我們研讀前進保險的資料時，路易斯鮮明的形象躍然紙上，就彷彿B級青春奇幻電影裡自我中心的青少年，把繼承的家族事業變成狂歡的派對屋。

雖然舉止怪異，但路易斯致力追求一個最重要的目標，令前進保險公司成為真正的卓越企業，即使他不在位，仍能恆久卓越。所以在二〇〇〇年，經過平穩過渡，路易斯交棒給接班人後，前進保險公司的成長腳步未曾停歇，繼續超越競爭對手，提升每股價值，保持很高的股東權益報酬率。路易斯是不是個極端自我、個性鮮明有趣的人？是的。他能否成熟地將強烈的自我意識導向建設性的目標，打造一家即使沒有他依然卓越的公司？是的。

十倍勝領導人具備了第五級領導人最重要的特質：他們雖然擁有不可思議的強烈企圖心，但他們的萬丈雄心不是為了自己，而是為了目標、為了公司、為了工作。《從A到A⁺》強調第五級領導人謙沖為懷的特質，本書則凸顯他們強烈的意志力。

有時候，十倍勝領導人雖然避免過度凸顯自我，卻會用宏偉的辭藻來描繪目標，一九七〇年代中期到一九八〇年代中期擔任英特爾執行長的摩爾（Gordon Moore），雖然是該公司的創建者之一和早期成長的重要推手，卻始終保持低調。但摩爾體認到，微電子技術將為社會每個層面帶來革命性改變，因此始終宏觀地看待英特爾的宗旨。早在一九七三年，英特爾才邁向第五年，摩爾就說過：「我們是今天世界中真正的革命家，不再是幾年前留著長髮、蓄著鬍子、在學校搞破壞的年輕孩子。」摩爾以低調的作風領導英特爾，他打造的卓越企業卻改變了世界文明的運作方式。

重點不在於摩爾低調的個性或路易斯及凱勒赫過度放大的自我，重點在於：「你究竟在追求什麼？」十倍勝領導人可能十分沉悶，也可能多采多姿；可能毫不吸引人，也可能魅力十足；可能很低調，也可能作風浮誇；可能正常到令人覺得乏味，也可能是不折不扣的怪胎。但這些都不重要，重要的是，他們熱情追求超越小我的目標。

我們研究的每一位十倍勝領導人追求的目標都不僅僅是「成功」而已。他們不是靠名利來定義自己，不是靠權力來定義自己，不是靠影響力、貢獻或目的來定義自己。野心勃勃的蓋茲即使後來成為全球首富，滿足自我都不是他背後的驅動力。在蓋茲事業發展初期、微軟剛開始起飛的時候，他的朋友曾評論道：「比爾把所有的自我都灌注在微軟身上，微軟是他孕育的第一個孩子。」孜孜不倦地工作了二十五年，努力將微軟打造成卓越公司，創造出威力十足的軟體，協助實現了每個桌上都有一部電腦的願景之後，蓋茲和妻子轉而問道：「怎麼樣才能運用我們掌握的資源，造福最多人？」於是他們訂定大膽的目標，希望讓瘧疾在地球上完全絕跡。

如何成為十倍勝領導人？

我們很想知道，十倍勝領導人的成長過程有沒有什麼共同點，讓他們做好充分準備，能在不確定的環境中蓬勃發展。舉例來說，史賽克公司董事長布朗（John Brown）在田納西州鄉下長大，家人辛苦掙來的錢只夠溫飽。他後來回想兒時經歷：「出身貧寒會令你更專注於根本。我很清楚窮困潦倒是怎麼回事，所以我不會迷失在追求名利的浮誇世界中。」或許這個田納西鄉下窮苦人家出身的孩子就是由於建立起亞孟森般的自我紀律，而能克服一切困難，後來成為成功的化學工程師及企業執行長。

但並非每一位十倍勝領導人都出身貧寒。凱勒赫就來自中產階級家庭，父親在穩若磐石的康寶濃湯公司（Campbell Soup Company）擔任主管。大學時期，凱勒赫在衛斯理大學主修哲學與文學，畢業時成績優異，並擔任學生會長。他後來進入紐約大學法學院也表現出色，加入法學評論，並在紐澤西最高法院見習。路易斯則在俄亥俄州克利夫蘭市的富裕家庭長大，就讀普林斯頓大學，後來接掌家族事業。

我們發現，反而有些對照公司的領導人早年吃盡苦頭。沒錯，布朗得辛辛苦苦地往上爬，才能脫離窮困的生活，但對照企業美國外科手術公司的赫希（Leon Hirsch），也並非出身富貴之家。赫希只有高中畢業，在創辦美國外科手術公司之前，他慘澹經營乾洗設備的生意。另一家對照企業超微公司的創辦人桑德斯（Jerry Sanders），在芝加哥幫派充斥的區域長大。有一次在足球賽後舉行的派對中，幫派老大和其他人打起來，桑德斯的朋友也被捲進去，桑德斯則加入混戰，協助朋友脫身，就在這時，朋友逃跑了，幫派份子打傷桑德斯的鼻子，打碎他的下巴，撞裂他的頭蓋骨，還用啤酒罐開罐器割傷他，把他丟進大型垃圾箱。桑德斯被送進醫院時，由於失血過多，醫院甚至召來牧師，準備為他做臨終禮拜。

簡而言之，我們發現，與對照企業領導人比起來，十倍勝領導人的出身背景並沒有一致的型態。十倍勝領導人可能童年生活困苦，也可能出身富貴之家或中產階級。他們也不見得一開始就出類拔萃，有的人乃是經過長時間才慢慢培養起領導能力，成為十倍勝領導人。凱勒赫早期也曾做過一些很糟糕的決定，例如收購繆斯航空公司（Muse Air）。路易斯三十年來領導公司大幅成長，但也捅過幾個大窟窿，賠了不少錢。安進的創辦人拉斯曼（George Rathmann）早期並沒有顯露出十倍勝領導人的才能，他申請醫學院遭拒，後來改念化學。他在3M公司工作了二十一年，（根據美國《商業週刊》的報導）「他很受重視，但從來沒有被當成明星。」之後，他加入李頓工業公司（Litton Industries）。李頓大舉收購的混亂文化令他備受折騰，他後來回顧：「我在公司請我走之前，先自行求去。」

我們和學生、過去的研究小組成員及批判性讀者說明十倍勝領導人的核心行為時，聽到一連串諸如此類的問題：「十倍勝的核心行為模式是可以學習的嗎？」「任何人都能成為十倍勝領導人嗎？」「不甘於只是十倍勝，而想達到三十倍勝，也可以嗎？」「要在混亂的世界中求生存，一定得達到十倍勝嗎？」「十倍勝領導人快樂嗎？」我們明白這些疑問，但我們的研究方式並非為回答這些問題而設計。

我們相信，你不需要知道這些問題的答案也能繼續下去。我們將在接下來幾章中探討三個十倍勝領導人的核心行為，並說明這些傑出領導人打造卓越企業的實際做法。如果貴公司能貫徹這些觀念和做法，就有可能如同十倍勝領導人般打造出卓越企業。所以我們的指導原則很簡單：努力學習和實踐十倍勝領導人的領導方式和具體做法，打造出能締造出色績效、帶來獨特影響力並持久卓越的組織。世上成功的人很多，但能產生十倍影響力的真正卓越企業屈指可數。

本章摘要

十倍勝領導力

重點

- 我們稱我們所研究的贏家為「十倍勝領導人」，是因為他們領導的企業能超越同業平均績效至少十倍。
- 對於我們的研究問題，在史詩般的南極探險競賽中，亞孟森和史考特之間的對比是很好的比喻，也充分說明了十倍勝領導人與對照公司領導人之間的差異。
- 洞察世事、堅忍自制的十倍勝領導人會毫無怨言地接受事實，坦然面對無法掌控的力量和種種不確定，他們充分明白很難準確預測情勢的發展；然而，他們也拒絕完全讓運氣、混亂或其他任何外在因素來決定成敗。
- 十倍勝領導人融合了三種核心行為模式，有別於較不成功的對照公司領導人：

狂熱的紀律：十倍勝領導人的行動展現了驚人的一致性，包括價值觀、目標、績效標準和採用的方式一致。他們不屈不撓、狂熱偏執，一心一意追求目標。

以實證為依據的創造力：面對不確定時，十倍勝領導人不會仰賴其他人或傳統智慧、權威人士、同儕來指點迷津，他們會以經過檢驗的證據為主要依據。他們會透過直接觀察、實際的實驗和檢驗具體的證據，作為行動的依據。他們會以充分的實證為基礎，展開大膽而創新的行動。

建設性的偏執：十倍勝領導人保持高度警覺，隨時戰戰兢兢地準備因應環境中的威脅和變動，即使在（尤其當）一切順利時也一樣。他們假定情勢可能會在最壞的時刻突然逆轉，變得對他們不利。他們把所有的恐懼和憂心化為行動，擬定應變計畫，建立緩衝機制，拉大安全幅度。

● 十倍勝領導人的三個核心行為模式背後的驅動力是：他們對超越小我的目標或對公司懷抱了高度的熱情和企圖心。他們把強烈的自我意識，轉化為實現遠大抱負或追求公司目標的企圖心，而不是汲汲於追求個人名利地位。

意外的發現

● 狂熱的紀律不代表嚴密管制或衡量標準，紀律也不等同於服從權威、遵守官僚制度、順應社會規範。要建立真正的紀律，你必須具備獨立的思考能力，面對群眾本能和社會壓力時，仍能採取前後一致的做法。

● 由於能以實證為依據的創造力，十倍勝領導人因此顯得充滿自信。在局外人看來，或許以為他們過於大膽、有勇無謀，事實上，由於經過實證的檢驗，他們可以一方面大膽行動，同時又控制風險。這並不表示他們會因為以實證為依據而變得猶豫不決。十倍勝領導人不會埋首分析而遲遲不展開行動，他們把實證主義當做果決行動的基礎。

- 建設性的偏執能促成開創性的行動。由於十倍勝領導人會先做最壞的打算，假定可能發生的最壞情況並且未雨綢繆，因此大大降低了突發狀況或厄運破壞創造性成就的機會。

關鍵問題

- 在十倍勝的三個核心行為模式中（狂熱的紀律、以實證為依據的創造力、建設性的偏執），哪一項是你的強項，哪一項是你的弱項，請依序排名。你要如何將弱點變成長處？

第三章

二十哩行軍

二十哩行軍的原則乃是在混亂中注入秩序，
在快速變動中保持一致性。
十倍勝公司往往在成功之前就嚴守日行二十哩的紀律，
並因此邁向成功。

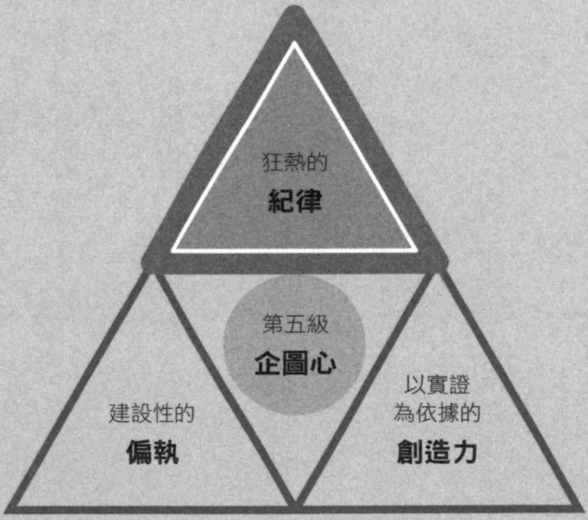

「自由選擇的紀律代表了絕對的自由。」

——瑟瑞諾（Ron Serino）

假定你有機會在甲公司和乙公司中擇一投資。兩家都是在高速成長的新興產業中竄起的小公司，開發各種顛覆性新科技，由於顧客需求激增，業務蒸蒸日上。兩家公司的產品類別、顧客群、機會和威脅都相同，幾乎是完美的比較分析對象。

接下來十九年，甲公司的平均淨利成長率將達二五%。

乙公司在相同的十九年內，平均淨利成長率為四五%。

先停下來想一想：你會想投資哪一家公司？

假如手上沒有其他資訊，大多數人，包括我們在內，都會投資乙公司。

現在，我們要提供更多資訊。

甲公司在這段期間淨利成長的標準差（反映波動的幅度）是十五個百分點。

乙公司在相同期間的淨利成長標準差是一百一十六個百分點。

甲公司保持平穩一致的成長速度，十九年中有十六年的淨利成長率低於三〇%，但幾乎每年的成長率都維持在二〇%以上。

乙公司的成長型態比較不穩定，十九年中有十三年的年淨利成長率超過三〇%，但波動幅度非常劇烈，在三一三%到負二〇〇%之間。

這時你可能已經開始懷疑，雖然乙公司成長更快，說不定投資甲公司才比較划算。你的想法很正確，不過究竟划算多少，仍然叫人跌破眼鏡。參見圖3-1，甲公司其實就是史賽克，乙公司則是美國外科手術公司。

圖 3-1　投資 1 美元創造的價值

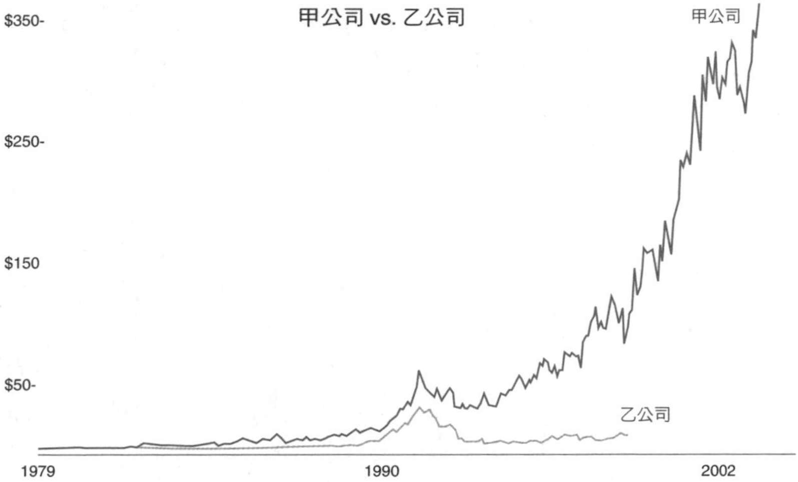

註：
本圖中所有計算股票報酬的資料來源：©200601 CRSP®, Center for Research in Security Prices. Booth School of Business. The University of Chicago. Used with permission. All rights reserved. www.crsp.chicagobooth.edu.

投資人如果一直持有史賽克的股票，那麼他們在一九七九年底（史賽克在那一年上市）投資於該公司的每一塊錢，到了二〇〇二年，價值就會超過原先的三百五十倍。

但在同一天投資於美國外科手術公司的每一塊錢所產生的累計報酬，到了一九九八年已經落後大盤績效，然後……美國外科手術公司就從圖上消失了。儘管曾達到非比尋常的高速成長，美國外科手術公司終究舉手投降，遭到收購，永遠放棄東山再起、躍升為卓越企業的機會。

想像一下，你正站在加州聖地牙哥市的太平洋沿岸，遠眺美國內陸。你即將展開三千哩長征，從聖地牙哥一路步行到緬因州東端。

第一天，你走了二十哩路，跨出聖地牙哥市。

第二天，你走了二十哩路。然後第三天，你又走了二十哩路，進入炎熱的沙漠。那裡是超過華氏一百度的高溫，你熱得不得了，很想到帳篷裡休息，涼快一下。但是你沒有這麼做。你站起來，繼續走了二十哩路。

你保持這樣的速度，每天步行二十哩。

然後天氣變涼了，你吹著風，覺得很舒服，原本一天可以走更多路，但你克制自己不要這樣做，調整步伐，仍然維持每天走二十哩路。

接著你抵達科羅拉多州的高山區，那裡颳風下雪，加上華氏零下的低溫，令你吃盡苦頭，只想躲進帳篷裡不要出來。但你還是勉力站起來，穿好衣服，每天繼續走二十哩路。

你持續不斷地努力，二十哩、二十哩又二十哩，終於踏上平原，這時已是春光明媚，你每天可以走四、五十哩路，但你沒有這樣做，仍然保持既定節奏，每天走二十哩路。

最後，你終於抵達緬因州。

現在想像一下，另外有個人和你在同一天從聖地牙哥出發。這趟徒步旅行讓他興奮得不得了，所以第一天就走了四十哩路。

第一天的壯舉把他累壞了，第二天他在將近華氏百度的高溫中醒來，決定等到天氣涼爽時再說，他心想：「等天氣好一點，我會趕上進度。」橫跨美國西部時，他一直維持這樣的行進模式——天氣好時拚命趕路，天氣變差時，就躲在帳篷裡發牢騷和等待天氣好轉。

快要進入科羅拉多高山區之前，碰到一連串的好天氣，於是他全力以赴，每天走四、五十哩路，以彌補落後的進度。等到他精疲力竭的時候，偏偏碰上了強烈的冬季風暴，幾乎送掉性命。於是他乖乖躲在帳篷裡，靜候春天到來。

等到大地終於回春，他重新出發，拖著孱弱的軀體，步履蹣跚，繼續前行。等他走到堪薩斯市時，每天持之以恆走二十哩路的你早已抵達目的地。你贏了，而且大幅領先。

史賽克：設定下限，也設定上限

現在，不妨把史賽克公司當做以日行二十哩的速度行軍的公司。

當布朗在一九七七年成為史賽克執行長時，他刻意建立一項績效標準，鼓勵穩定的成長：史賽克每年都必須維持二〇％的淨利成長率。這不單單是他的目標、願望、希望、夢想或願景罷了，套句布朗自己的話，這是他制定的「法律」。他將這項「法律」深植於史賽克的企業文化，融入每天的工作生活之中。

布朗為績效落後的員工設計了「浮潛呼吸管」提醒機制；二〇％是標準水位，假如你的績效在水位之下，就需要浮潛用的呼吸管。你能想像從布朗手中接到一個真實的浮潛用呼吸管，然後掛在辦公室牆上，是什麼情景嗎？每個人看到了，都曉得你正面臨溺水的危險。所以獲「獎」的員工會加倍努力，希望拿掉牆上的呼吸管。

假想你去參加公司大會。你一走進大會議室，就發現業務人員的座位是按照業績來安排。達到二十哩行軍標準者的座位會被安排在前面，表現落後的就只能坐在後面。

史賽克的年度事業部檢討會議還包括了與董事長共進早餐的活動。只要達到二十哩行軍的標竿，就能與布朗同桌吃早餐。沒能達到目標的人則去別處吃早餐。「他們的早餐都很豐富，」布朗說，「但你不會想去那邊用餐。」

如果你的事業部連續兩年都落後，那麼布朗會親自跳進來「幫忙」，日以繼夜地努力協助你們回到正軌。「我們會針對怎麼做才能解決問題來達成共識。」低調的布朗表示。你很清楚，你真的不希望屆時需要用到像布朗這樣的幫手。根據《投資人商業日報》（*Investor's Business Daily*）的報導：「布朗不想聽到任何藉口。市場不佳？匯率傷害業績？這些都不重要。」一位分析師說明史賽克在歐洲面臨的挑戰有一部分乃是受到匯率波及時指出：「很難斷定有多少是外部的（問題），不過對史賽克而言，這根本無關緊要。」

自從布朗在一九七七年上任後，一直到一九九八年為止，史賽克除了在一九九〇年表現特別突出之外，其他九〇%以上的時間都達到二十哩行軍的目標，而對照企業的美國外科手術公司卻已經下市。

史賽克還自我約束，絕對不在單一年度飛快成長，不要走過頭。想想看，當競爭對手已經快馬加鞭、超越他們的成長速度時，華爾街會對史賽克施加多大的壓力，逼迫他們提高成長率？事實上，在這段時間內，有超過一半的年頭，史賽克的成長速度都不如美國外科手術公司。根據《華爾街實錄》（*Wall Street Transcript*）的報導，有些觀察家批評布朗不夠積極，但無論批評者如何敦促史賽克在經濟繁榮時加快成長腳步，布朗仍刻意選擇保持日行二十哩的穩定速度。

布朗明白，如果想要有穩定的經營績效，那麼二十哩行軍的兩個層面都很重要：你需要設定下限，也設定上限，既有可以跨越的障礙，又有無法超越的天花板；既有達成目標的強烈企圖心，也能充分自我克制，不會走過頭。

美國外科手術公司驚人的大起大落，正是史賽克最鮮明而完美的對照。

一九八九年，美國外科手術公司的銷售額為三億四千五百萬美元，到了一九九二年，激增為十二億美元，在三年內飛快成長了二四八％。美國外科手術公司積極追求成長，押注於手術縫線新產品，直接與控制手術縫線八成市場的嬌生公司 Ethicon 部門正面對決。在當時，美國外科手術公司只要掌握一〇％的市場，就足以增加四〇％的銷售額，但是美國外科手術公司的創辦人赫希覺得這樣太沒志氣了，「如果我們只拿到一〇％（的縫線市場），我會非常失望，Ethicon 則會大喜過望。」於是，美國外科手術公司拚命向醫院推銷存貨，強力推銷的程度引發《華爾街日報》報導：「由於美國外科手術公司強迫推銷的名聲，傳說有個一心想提高業績的業務員一度藏了太多存貨在醫院儲藏室，以至於天花板塌了下來。」由於當時醫院很快採用腹腔鏡儀器來動膽囊手術，美國外科手術公司出現爆炸性成長，還計畫進一步推廣腹腔鏡的使用到其他手術上，加快成長速度。

但是就在這時候——砰！——美國外科手術公司遭受一連串風暴的衝擊。柯林頓總統的健保改革方案帶來許多不確定的因素，醫院因此減少採購量。醫生對於將腹腔鏡用在其他手術上，也不如他們想像中那麼熱情。而且在手術縫線的市場上，嬌生公司確實是可怕的競爭對手，他們強力反擊，保住了大部分的市場占有率。嬌生也進軍美國外科手術公司核心的腹腔鏡事業，短短三年就拿下美國國內市場四五％的占有率。結果，美國外科手術公司營業額日益下滑，到了一九九七年，仍然低於一九九二年高峰期的水準。到了一九九八年底，美國外科手術公司已經被泰科公司（Tyco）收購，不再是一家獨立公司了。

西南航空：逆境中堅忍不拔，順境中自我節制

我們剛開始進行研究計畫時，以為可能看到的現象是，十倍勝領導人面對瞬息萬變的世界，乃是藉著高成長和大躍進，一而再、再而三地搭上新一波大浪潮，乘風破浪，向前邁進。沒錯，他們的確持續成長，也在成長過程中追逐重要商機；但較不成功的對照企業比十倍勝公司更積極追求高成長，也更勇於冒險躍進，更大幅度改頭換面。這些十倍勝案例正充

分說明了我們所謂「二十哩行軍」的概念，十倍勝公司能長時間持之以恆、前後一致地逐步達成績效目標，對照公司卻辦不到。

二十哩行軍不只是理念而已，而是要制定具體、清晰、聰明而嚴格的績效目標與機制，讓公司不會偏離正軌，而能持續進步。日行二十哩的做法會帶給自己兩種不安：第一種不安是在逆境中仍要堅忍不拔，致力於追求高績效；第二種不安是在順境中仍要自我節制，不盲目追求高成長。

比方說，西南航空公司要求自己年年獲利，即使在整個行業都賠錢的時候也能賺錢。從一九九〇到二〇〇三年，整個美國航空業在這十四個年頭中，只有六年賺錢。一九九〇年代初期，美國航空業總虧損達一百三十億美元，超過十萬名員工被迫放無薪假；但西南航空公司依然賺錢，沒有任何一名員工放無薪假。多年來，儘管航空業普遍面臨長期困境，許多知名的大航空公司甚至破產，西南航空卻連續三十年來年年獲利。

同樣重要的是，西南航空能夠堅守紀律，在景氣好的時候自我克制，不會做超出能力以外的事情，以保持年年獲利，並且維護西南航空的文化。他們在提供民航服務八年後，才開始向德州以外的地方擴展服務，他們跨出一小步，提供到紐奧良市的航班服務。接著，西南航空從容不迫地逐步擴展到奧克拉荷馬市、土桑、阿布奎基、鳳凰城和洛杉磯，幾乎在公司創立二十五年後，才把觸角延伸到美國東岸。一九九六年，美國有一百多個城市都大聲疾呼，要求西南航空提供服務，結果西南航空在多少個城市建立新航點呢？只有四個城市（請參見圖3-2）。

乍看之下，你或許不覺得西南航空有什麼特別。但想想看，這家航空公司為自己樹立了一致的績效標準，達到其他航空公司都達不到的穩定績效！如果有任何人敢大言不慚地說，他們在航空業可以連續三十年都賺錢——航空業耶！——必定惹來一陣嘲笑，因為沒有人辦得到。但西南航空公司辦到了，而且他們不惜放棄高成長。想想看，有多少上市公司的領導人能夠放棄追求高成長？尤其在景氣大好、競爭對手都拚命追求高成長的時候？的確寥寥無幾，但是西南航空也辦到了。

有的人認為，在今天這個劇烈變動、翻天覆地的世界裡，堅持日行二十哩的人不再吃香。然而諷刺的是，當我們檢視這類快速變動、混亂失序的環境時，發現每一家十倍勝公司都在我們研究的時期實踐二十哩行軍的原則。

現在，你或許很納悶：「且慢！你把事情搞混了。也許十倍勝公司之所以有辦法這樣做，是因為他們太成功了，是市場領導者。也許二十哩行軍是成功者才能享有的昂貴成果，而不是成功背後的驅動力。」但證據顯示，十倍勝公司早在尚未成為大公司之前，就已經篤

圖 3-2　西南航空公司的二十哩行軍

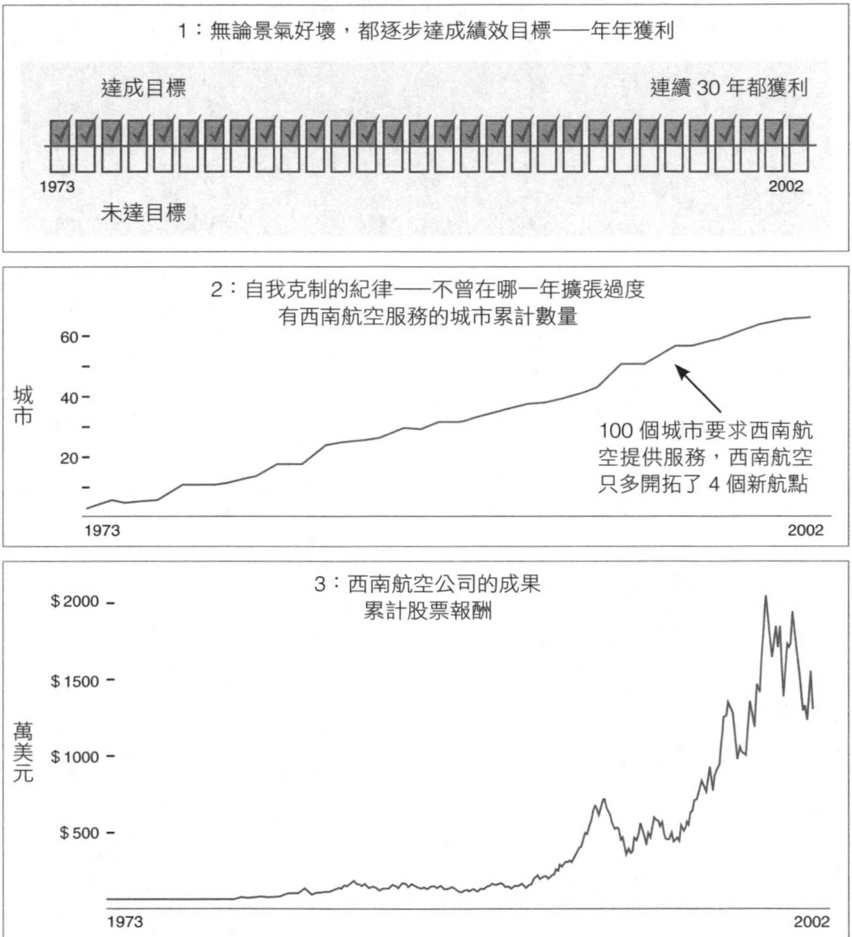

註：
1. 從 1972 年 12 月 31 日到 2002 年 12 月 31 日，每投資 1 萬美元創造的價值。
2. 本圖中所有計算股票報酬率的資料來源：©200601 CRSP®, Center for Research in Security Prices. Booth School of Business. The University of Chicago. Used with permission. All rights reserved. www.crsp.chicagobooth.edu.

信二十哩行軍的觀念。

而且，我們研究的每家對照公司都沒有遵從二十哩行軍的原則，無法展現如十倍勝公司的穩定性和一致性。事實上，這是這項研究中最強烈的對比（請參見附錄D）。有的對照公司在我們研究的這段時期，無論在任何時候都不曾顯露二十哩行軍的跡象，美國外科手術公司、超微、科士納公司都是如此。有的對照公司在業績不佳的年頭，看不出曾經採取二十哩行軍的成長步調，等到後來奉行二十哩行軍的原則後，才重振雄風，例如賴文森（Arthur Levinson）領導的基因科技公司，以及賈伯斯領導的蘋果公司。其他對照公司，例如太平洋西南航空和塞福柯保險公司，則在早年績效突出的時候展現了二十哩行軍的精神，但後來失去紀律，表現也就不如以往了。

成功的二十哩行軍包含的要素

成功的二十哩行軍會用**明確的績效標準**來描述公司可接受的績效下限，因此就好像辛苦的體力鍛鍊或心智發展一樣，會帶來建設性的不安，而且在逆境中訂定的標準必須一方面具有挑戰性，但又不是不可能達到的目標。

成功的二十哩行軍會**自我設限**，因此當面臨強勁商機或情勢大好時，你們會為自己究竟要走多快多遠而設定上限。在面對成長的壓力和疑懼，不知是否應加快速度、採取更多行動時，這些限制也會帶來不安。

成功的二十哩行軍**適合個別企業**，會根據企業和企業所處的環境來調整做法。沒有任何二十哩行軍原則可以放諸四海皆準。西南航空的方法不見得適用於英特爾，球隊的做法不見得適用於軍隊，而軍隊奉行的原則也不見得適用於學校。

成功的二十哩行軍主要是**在掌控的範圍內達成目標**，你不需要靠運氣來抵達目的地。

成功的二十哩行軍必須**有適度的時間考量**，不要太長，也不要太短，而是恰恰好。時間太短的話，比較容易受到難以控制的變數所影響；時間太長的話，又沒什麼效果。

成功的二十哩行軍原則**由企業自行設定**，而非由外界制定或盲目複製其他公司的做法。比方說，只因為華爾街重視每股純益，就把每股純益當做二十哩行軍的重心，是不夠嚴謹的做法，反映出這家公司不清楚真正推動績效成長的驅動力為何。

成功的二十哩行軍必須「保持高度一致性」。單靠良好的意圖，不足以成事。

一九七〇年代初，路易斯提出嚴格的績效標準：前進保險公司應保持適當的成長速度，以提供卓越的顧客服務和維持平均九六％、足以獲利的「綜合比率」（combined ratio）。

他所說的「綜合比率」到底是什麼意思呢？

假如你賣出一百元的保險，那麼損失支付加上管銷成本應該不要超過九十六元。綜合比率呈現出保險業的重要挑戰——保險公司制定的保費金額必須足以支付損失、服務顧客和獲得適當報酬。假如保險公司採取降價的手段來刺激成長，他們的綜合比率就會惡化。假如他們誤判風險，理賠服務又管理不善，綜合比率也會變糟。假如綜合比率攀升到一〇〇％以上，保險公司就會賠錢。

不接受任何藉口

前進保險公司「足以獲利的綜合比率」就像布朗的二〇％法則一樣，是必須年年達成的嚴格標準。前進保險公司的態度是：假如競爭者不惜賠錢降價，以提高市場占有率——好，就讓他們這樣做吧！我們不會跟進，免得捲進這場毫無意義的自我毀滅競賽。前進保險公司對於足以獲利的綜合比率許下明確的承諾，無論面對什麼情況，競爭對手採取什麼行動，或頻頻招手的成長機會多麼誘人，都不會改變。路易斯曾在一九七二年表示：「我不接受任何藉口，不管是法規上的問題、競爭上面臨的困難或自然災害，都不能拿來當做達不到的藉口。」結果從一九七二到二〇〇二年，前進保險在三十年中有二十七年達成獲利的綜合比率，而且平均下來的比率還優於原本九六％的目標。

現在不妨把前進保險公司堅持綜合比率的紀律拿來和成功的二十哩行軍要素相比較：

明確的績效標準：是

自我設限：是

適合個別企業：是

在自己掌控範圍內：是

適度的時間考量：是

由企業自行設定：是

保持高度一致性：是

二十哩行軍是重要而務實的策略機制。布朗為了執行自己訂定的「法律」（二〇%的淨利成長率），從快速產品開發週期到呼吸管提醒機制，有系統地為史賽克建立了整套制度。「聽起來好像很簡單，做起來卻非常困難。」路易斯的繼任者瑞恩維克（Glenn M. Renwick）表示，「就把它想成一份食譜好了，只要任何配料分量過多，都無法烹調出你想要的結果。想想看，你只不過把一種配料搞錯了，加了四倍的分量，就會破壞整道菜的滋味，多麼可怕啊……九六%的綜合比率表示，我們必須在公司營運的每個層面都嚴守紀律；也意謂著我們寧可公司穩定成長……而不要一年業績火熱，下一年就無以為繼。」

那麼，執行二十哩行軍的原則時，是否需要百分之百成功呢？十倍勝公司都沒有創下完美的紀錄，而只有近乎完美的紀錄，但他們從不認為沒有達到目標也「OK」。即使只有一次未能達陣，他們也會拚命思考該怎麼做，才能回到正軌：沒有任何藉口，失敗後要如何避免重蹈覆轍，完全取決於自己。

二十哩行軍的原則乃是在混亂中注入秩序，在快速變動中保持一致性。但是唯有當你年復一年都真正貫徹日行二十哩的做法，才能奏效。假如你們設定了二十哩行軍的目標，然後又無法貫徹，或更糟的是，乾脆放棄狂熱的紀律，那麼你們很可能會被一波波意外狀況所擊潰。

再看看前進保險的對照公司塞福柯的悲慘結局。一九八〇年代之前，塞福柯公司和前進保險公司一樣，無論景氣好壞，都近乎狂熱地追求能獲利的綜合比率。接著在一九八〇年代，塞福柯喪失原本的紀律（請參見圖3-3，顯示在一九八〇年代和一九九〇年代初期，塞福柯失去紀律時，前進保險仍然堅持紀律），沒能始終如一達到綜合比率，反而禁不起誘惑，把保費投資於資本市場，換取驚人報酬，結果他們在核心事業領域漸漸落後競爭對手。舉例來說，一九八九年，塞福柯的核心承保業務虧損了五千兩百萬美元，但他們的投資組合卻為公司賺進兩億六千三百萬美元的利潤。

圖 3-3　二十哩行軍與達成年度目標

前進保險 vs. 塞福柯
承保利潤

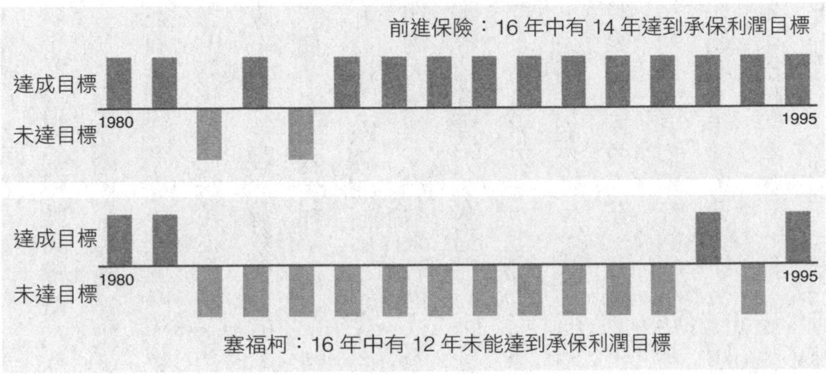

圖 3-4　二十哩行軍的結果

前進保險 vs. 塞福柯
累計股票報酬相對於大盤表現的比率

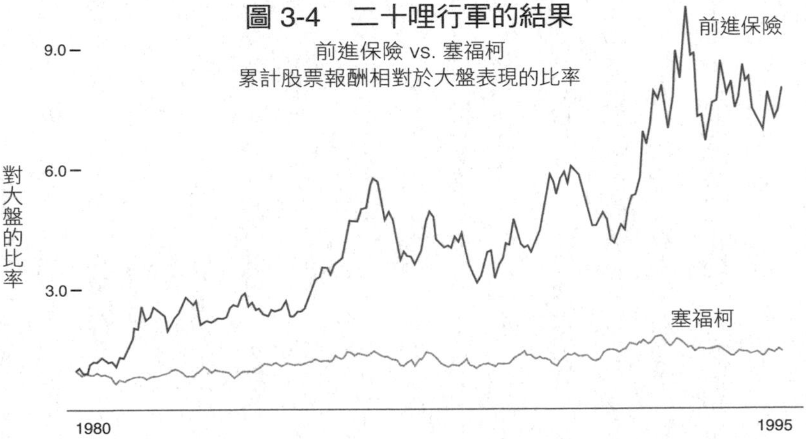

註：

1. 從 1979 年 12 月 31 日到 1995 年 12 月 31 日每家公司的表現相對於大盤表現的比率。
2. 本圖中所有計算股票報酬率的資料來源：©200601 CRSP®, Center for Research in Security Prices. Booth School of Business. The University of Chicago. Used with permission. All rights reserved. www.crsp.chicagobooth.edu.

然後，塞福柯公司在一九九七年宣布了「真正令人興奮的消息」，向前邁出了「巨大的一步」，以相當於塞福柯股東權益六八%的價格，買下美國保險公司（American States），經銷人力一下子擴充兩倍，保險經紀人的數目激增為八千人。塞福柯從一家地區性保險公司，變成擁有全國知名度，在產險和意外險市場的排名也從二十二名竄升為十二名，於是他們設定大膽的新目標，決定從保險業務跨入金融商品的領域。一位主管自豪地聲稱，塞福柯不再是一家「沉悶無趣、傳統保守的公司」。畢竟，假如你們可以靠一次富於想像力的大膽出擊，就能彌補過去的失利，何必一味堅持單調乏味的紀律，辛苦貫徹二十哩行軍的做法呢？一九九七年，塞福柯執行長艾格斯帝（Roger Eigsti）在年度致股東的信函中，宣告了塞福柯公司的大躍進：「未來的世代將會記載一九九七年是塞福柯非凡的一年。」

這個壯舉確實標示了塞福柯的重要轉捩點，但是和艾格斯帝的想像大不相同。接下來的一九九八年、一九九九年、二〇〇〇年、二〇〇一年和二〇〇二年，塞福柯的綜合比率數字都很難看，公司未能獲利。「我們或許太拚命追求成長了。」一位塞福柯的主管談到公司衰退的情況時表示。投資人在一九九七年初（也就是塞福柯收購美國保險公司那年）投資於塞福柯的每一塊錢，其價值在隨後三年都減損了三〇%，落後大盤表現六〇%以上。在塞福柯大膽躍進新領域三年後，艾格斯帝宣布退休，董事會開始尋覓新的執行長，最後從外部引進空降的救星來扭轉劣勢。

從一九七六年初到二〇〇二年的二十七年當中，塞福柯只有十年的綜合比率足以獲利；同樣在那段期間，單調乏味、綜合比率始終一致的前進保險公司為投資人創造的累計報酬，幾乎是塞福柯的三十二倍。

雖然到目前為止，我們討論的二十哩行軍原則都是財務上的績效標準，例如史賽克二〇％的淨利成長率，西南航空年年都要賺錢，以及前進保險九六％的綜合比率，我們要釐清的是，二十哩行軍的原則不必然是財務標準。學校的二十哩行軍或許關乎學生表現；醫院的二十哩行軍或許著眼於病患安全；教會把重心放在教徒的數量；政府機構重視持續改善；警察局的目標是降低犯罪率。而企業同樣可以選擇非財務性的二十哩行軍標準，例如訂定持續創新的目標。舉例來說，英特爾根據「摩爾定律」，建立自己的二十哩行軍目標（在每十八個月到兩年的時間內，以負擔得起的成本，將每個積體電路中的元件複雜度提升兩倍）。三十年來，無論在景氣大好的年頭或產業低迷的時候，年復一年，英特爾都努力達到摩爾定律，網羅最優秀的工程師，不斷推出新一代晶片，持續投資於技術創新。

為什麼二十哩行軍會成功？

堅持「二十哩行軍」的企業往往都能勝出，乃是基於以下三個原因：

一、你對自己克服逆境的能力信心大增。

二、遇到亂流時，會降低釀成巨災的可能性。
三、幫助你在失控的環境中自我控制。

風雨中淬煉的信心

信心不是來自於激勵人心的演講、熱鬧滾滾的誓師大會、毫無根據的樂觀主義或盲目的希望，沉默寡言、低調內斂的史賽克執行長布朗完全不是靠這些來建立信心。史賽克公司的自信來自於實際的成就，無論業界情況好壞，史賽克年年都能達成嚴苛的績效標準。布朗就像田徑教練一樣，每次練跑時，無論颳風下雨、熱氣逼人或下大雪，都訓練跑者在抵達終點時步伐仍然強勁有力。如果總決賽那天颳風下雨、熱氣逼人或下大雪，基於過去親身經歷，跑者仍會充滿信心：因為我們即使在狀況不佳時仍然努力練習，也因為我們在極端惡劣的環境下仍然辛苦練習，所以我們一定會跑出好成績！

> 無論面臨順境或逆境，都能始終如一達到二十哩行軍的目標，有助於建立自信。克服橫逆所獲得的具體成就強化了我們的十倍勝觀點：我們必須為改善績效承擔最後的責任，絕對不要歸咎於情勢不利或怪罪外在環境。

二〇〇二年，我們在博德市的辦公室接到庫爾（Lattie Coor）打來的電話，庫爾是前亞

表 3-1　二十哩行軍的對比

十倍勝案例	對照案例
史賽克　每年達到 20% 淨利成長率，透過延伸性產品開發，落實二十哩行軍的原則。由於能在景氣好的時候控制成長速度，1992 到 1994 年面對產業困境時，才有辦法平穩度過。	**美國外科手術**　淨利成長率非常不穩定。追求重大的突破性創新，而不是二十哩行軍式的創新。在艱困時期過度擴張，尤其在 1992 到 1994 年間；1998 年遭收購。
西南航空　連續 30 年獲利。在 911 事件發生後，不像其他大型航空公司那樣深陷泥沼，2002 年依然能夠獲利。控制成長速度以確保獲利，並維護企業文化。	**太平洋西南航空**　早期秉持二十哩行軍的理念，能夠穩定獲利，但是 1970 年代逐漸放棄二十哩行軍的原則。1986 年遭全美航空公司（US Air）收購。
前進保險　每年將綜合比率控制在 100% 以下，平均 96%。30 年中有 27 年的綜合比率都足以獲利。限制成長速度以確保承保標準，並達到綜合比率的目標。	**塞福柯保險**　早期很重視綜合比率，但從 1980 年開始變得不穩定，然後在 1990 年代為了追求高成長，收購美國保險公司。在 27 年中只有 10 年達到足以獲利的綜合比率。
英特爾　堅持摩爾定律，每 18 個月到 2 年的時間內，將每個積體電路元件複雜度提升兩倍。在我們分析的時間內，始終不屈不撓地堅持目標。	**超微**　景氣好時，不斷追求高成長（不惜巨額舉債），不景氣時措手不及（尤其在 1985 到 1986 年）。沒有證據顯示有穩定一致的績效標準。
微軟　實踐二十哩行軍式的創新，軟體產品持續進行反覆疊代式開發。一開始產品不盡完美，然後一年年改進，最後主宰市場。從來不在財務上過度擴充，所以不需要停下前進的腳步。	**蘋果**　早期沒有秉持二十哩行軍的原則，獲利成長不穩定，在 1980 年代中期、1990 年代初期和中期都遇挫。賈伯斯重掌大權後採取二十哩行軍式的創新，成為蘋果公司在 2000 年代以後重振雄風的重要因素。
安進　以漸進式的產品創新和過去的重要產品開發成果為基礎，推動二十哩行軍式的創新。持續為增加新的適應症而研發既有藥物，結果帶來強勁的營收成長。	**基因科技**　1976 到 1995 年，沒有遵循二十哩行軍的原則，抱持押大注的心態，喜歡過度承諾，結果節節敗退。1995 年後採取二十哩行軍策略，把 5 年目標拆開為一系列年度目標。
生邁　專心一志追求持續的獲利成長，21 年中有 20 年達成目標。落實二十哩行軍式的創新，產品開發的反覆疊代過程快速。小心翼翼，絕不過度擴張。	**科士納**　沒有遵循二十哩行軍的原則，反而採取大量舉債，「藉由購併快速成長」的策略，結果帶來危機，導致公司在 1994 年易手。

利桑那州立大學校長，後來擔任亞利桑那未來中心董事長。「我們認為本州最重要的當務之急，是解決拉丁裔兒童的教育問題。我們必須設法解決這個問題，你能不能給我們一些指導。」庫爾想要仿效本書對照研究的模式來推動關於教育的研究。他們找出拉丁裔學生人數眾多、在逆境中辦學績效依然亮眼的公立學校，拿來和在類似環境中表現卻大為遜色的學校相比較，並分析兩者的不同。

庫爾成立研究小組，由魏茲（Mary Jo Waits）擔任召集人，而魏茲過去進行《克服萬難》（*Beat the Odds*）的研究時，曾接受我們研究實驗室的指導。魏茲在研究中發現，辦學績效良好的學校與對照學校之間的差異，並非肇因於校長無法掌控的因素，例如班級人數、上課時數、經費多寡，以及家長參與的程度。當然，改變這些因素或許能改善所有學校的辦學績效，但能排除萬難的學校把心力投注於他們能做的事情上。這項研究找出了每所學校在自己能掌控的範圍內秉持的紀律，發現他們即使碰到重重阻礙仍堅持紀律。每所能「克服萬難」的學校都明確訂出學生必須達到的課業標準，並且基於《克服萬難》報告中提出的三個前提，擔當起達成目標的責任：

一、學生學習效果不佳時，不要一味怪罪別人，要勇於正視問題，承擔責任。

二、不要認為解決辦法就在那兒。如果學生的學習效果不佳，學校就需要改變。

三、不能讓任何學生落在後面。如果每一班的每一名學生都沒有學到東西，那麼學校就沒有善盡責任。

一九九七年，亞利桑那州悠瑪市艾利斯拜恩小學的辦學績效和其他類似的對照學校差不多，三年級學生的閱讀成績低於全州平均水準。校長皮區（Juli Tate Peach）拒絕向逆境低頭。沒錯，艾利斯拜恩小學的許多學生都來自貧窮的拉丁裔家庭；沒錯，學校預算有限，教師需要以更少的資源做更多事情，壓力很大。儘管如此，皮區和學校老師克服這些困難，逐步提升學生的閱讀成績二十個百分點，超越全州平均分數。在此同時，艾利斯拜恩小學的對照學校雖然處境相同，卻無法提升三年級學生的閱讀能力，為什麼呢？

皮區以狂熱的紀律，專注於一個目標：每個學生必須在閱讀這類基本能力上有進步。在她的領導下，學校不是等到學期終了才衡量學生進步的情況，她一年到頭都和老師一起追蹤學生的表現，不斷修正做法。她在教職員之間營造合作的文化，大家會分析數據、分享想法，討論如何幫助每個學生有更好的表現。他們從年頭到年尾，始終秉持二十哩行軍的學習目標，針對一個個學生，毫不懈怠地展開教導、評量與介入輔導的循環。學生因為成績進步而信心大增，也更有學習動機，因此又強化了紀律，產生更好的學習成果，進一步提升自信與學習動機而強化紀律，於是學生不斷進步、進步、再進步。

亞利桑那州各個「克服萬難」的學校都明白，一心指望下一波教育改革能發揮神效，而不斷從這個計畫換到另一個計畫，每年都忙著追逐新潮流，只會摧毀學習動機，腐蝕學生的信心。最關鍵的一步不是找到完美的教學計畫或等待全國性的教育改革，而是注入狂熱的紀律，毫不懈怠地追求漸進式的成長；透過長期的努力，持之以恆地達到永續的成果。學生因為成績不斷提升而產生自信。假如你能克服困難，那麼你對於自己克服困難的能力就產生信心，於是你會愈來愈有信心，認為自己能一而再、再而三地排除萬難。

碰上亂流時更加發光發熱

一九八〇年代，超微幾乎因為二十哩行軍失敗而自我毀滅。一九八四年，桑德斯聲稱，超微會成為第一家連續兩年都成長六〇％的半導體公司，而且單一年度的成長率，將刷新超微過去十四年的歷史紀錄。不止如此，他還宣布超微立志要在一九八〇年代結束前超越英特爾，超越德州儀器（Texas Instruments），超越國家半導體公司（National Semiconductor），超越摩托羅拉（Motorola），也超越其他所有美國的競爭對手，成為積體電路領域首屈一指的公司。這和英特爾的作風恰好是鮮明的對比，摩爾正好就在同一段時間宣布，他打算控制英特爾的成長速度，以免失控。英特爾仍然維持著快速成長，但是和超微相較，是有節制的成長。從一九八一到八四年，超微的成長速度幾乎是英特爾的兩倍，也超越其他美國半導體公司。

然後在一九八五年，半導體產業陷入衰退，英特爾和超微都備受打擊，超微尤其嚴重。短短一年內，超微的銷售額從十一億美元下滑至七億九千五百萬美元，長期負債膨脹三倍，許多年後仍然無法恢復元氣。風暴過後，英特爾從此取得領先地位。在一九八五年半導體業陷入衰退之前的十二年，超微的股東報酬率一直超越英特爾，部分原因是，從一九八一到八四年，超微的銷售額成長了三倍。但經歷產業危機後，超微開始節節敗退，英特爾則展翅高飛；從一九八七到九四年，英特爾的股東報酬率超越超微五倍之多，然後持續這樣的速度，到了二〇〇二年，英特爾的股東報酬率已勝過超微三十倍以上（請參見圖3-5）。

如果你耗盡所有資源，精疲力盡，然後偏偏在最壞的時刻遭遇外來的強烈衝擊，那麼你的麻煩可大了。但如果能堅持二十哩行軍的原則，就可以降低在意外衝擊下一蹶不振的可能性。奉行二十哩行軍原則的十倍勝公司在動盪不安的局勢中都能超越對照公司，在不穩定的亂流中反而更加發光發熱。

在不確定且嚴酷的環境中，無法堅持二十哩行軍的原則可能釀成巨災，我們研究的每一家對照公司都曾因為未能堅持二十哩行軍，而招致可怕的後果。相反的，只有兩家十倍勝公司沒能始終如一地貫徹二十哩行軍的做法，但是這些短暫的插曲並未釀成巨災，因為十倍勝公司在毀滅性的暴風雨醞釀成形之前，早已自我修正，步上正軌。

當我們有系統地檢視產業碰到亂流、陷入危機的情況時發現，在二十哩行軍的企業碰到

圖 3-5　英特爾的二十哩行軍 vs. 超微的起落興衰

累計股票報酬與大盤表現的比率

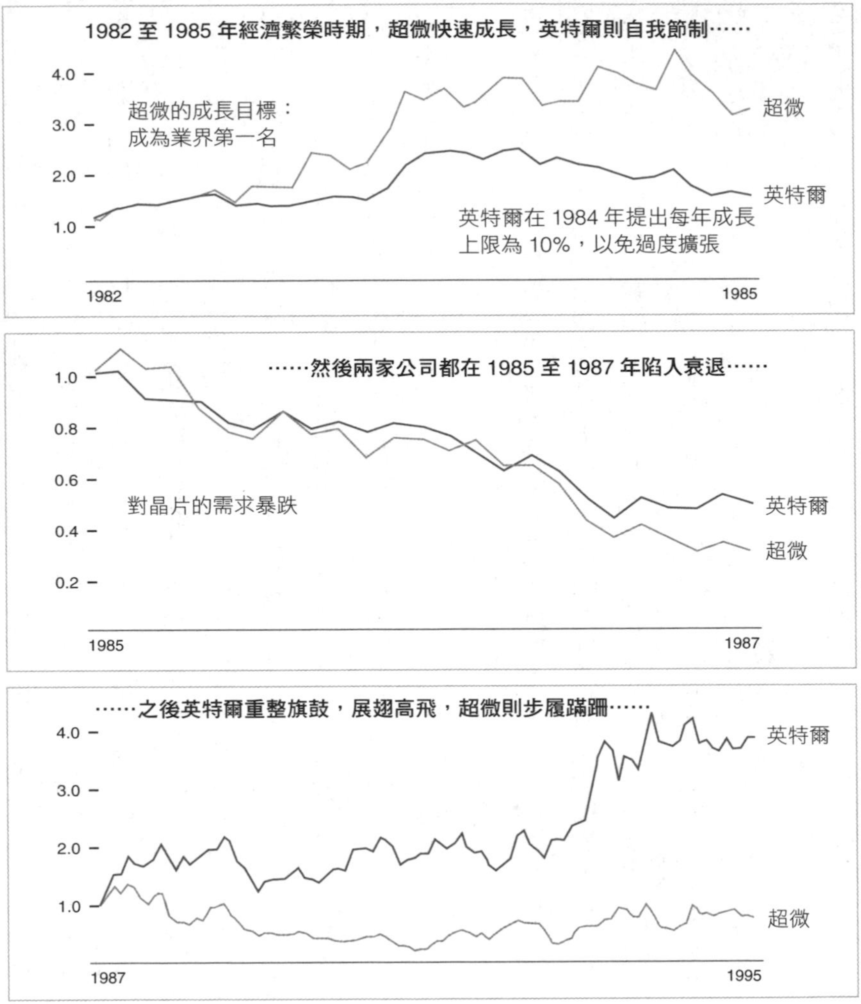
1982 至 1985 年經濟繁榮時期，超微快速成長，英特爾則自我節制……
4.0
3.0
2.0
1.0
超微的成長目標：
成為業界第一名
超微
英特爾
英特爾在 1984 年提出每年成長
上限為 10%，以免過度擴張
1982
1985
……然後兩家公司都在 1985 至 1987 年陷入衰退……
1.0
0.8
0.6
0.4
0.2
對晶片的需求暴跌
英特爾
超微
1985
1987
……之後英特爾重整旗鼓，展翅高飛，超微則步履蹣跚……
4.0
3.0
2.0
1.0
英特爾
超微
1987
1995

註：

1. 上圖：從 1981 年 12 月 31 日到 1984 年 12 月 31 日。中圖：從 1984 年 12 月 31 日到 1986 年 12 月 31 日。下圖：從 1986 年 12 月 31 日到 1994 年 12 月 31 日。
2. 本圖中所有計算股票報酬率的資料來源：©200601 CRSP®, Center for Research in Security Prices. Booth School of Business. The University of Chicago. Used with permission. All rights reserved. www.crsp.chicagobooth.edu.

產業亂流的案例中，二十九個例子幾乎百分之百成功達陣，這些公司每一次都能在亂中求勝，毫無例外。然而沒能貫徹二十哩行軍原則的公司在陷入產業危機時，在二十三個案例中只有三次表現出色，突圍而出。

今天的世界充滿難以預測的機會和威脅，你不能讓自己毫無防備地暴露在未知的風險中。如果你在風和日麗的春天到離家不遠、風景宜人的寬敞小徑健行，你可能一不小心就高估了自己的能力，走太遠了，結果回家後渾身筋骨痠痛，得吃兩顆止痛藥來舒緩疼痛。但如果你是去攀登喜馬拉雅山或到南極探險，不小心走太遠的話，可能造成的後果就嚴重多了，甚至會帶來無法彌補的傷害。在順境中，你或許可以偶爾不遵守二十哩行軍的原則，但這樣做的時候會削弱你的力量、破壞你的紀律，因此等到情勢變得不穩定時，很容易就讓自己暴露在未知的風險中，而每個人多多少少總是會碰到亂流。

在失控的環境中自我控制

一九一一年十二月十二日，亞孟森率領探險隊抵達離南極點只有四十五哩的地方。當時他完全不知道史考特在哪裡（史考特挑了一條略微偏西的不同路線）。亞孟森只知道，史考特應該走在他們前面。那天風和日麗，平坦的極地高原非常適合滑雪和拉雪橇，正是完成往南極點剩餘路程的理想條件。亞孟森寫道：「地面的情況非常好，天氣很棒，晴空萬里，陽光普照。」探險隊已經辛苦跋涉了六百五十哩，攀越高山，從海平面爬到一萬呎的高地上。

如今，「史考特在哪裡？」的焦慮感盤旋不去，原本亞孟森的探險隊大可拚一拚，一鼓作氣在二十四小時內抵達目的地。

結果亞孟森怎麼辦？

他走了十七哩。

整趟旅程中，亞孟森都堅持一致的步調、穩定的進度，即使天氣很好，也不肯走太遠，謹慎保留體力，絕不跨越紅線，令大家精疲力盡；但碰上壞天氣時，仍然勉力向前，保持進度。在前往南緯九十度的艱苦旅程中，亞孟森要探險隊員將每天的行進速度控制在十五到二十哩。其中一位探險隊員提議，不妨加快速度到每天走二十五哩，但亞孟森拒絕了。他們需要休息和睡覺，才能持續補充體力。

我們其實是在無意中讀到亞孟森與史考特的故事。早在三年前，研究小組就歸納出二十哩行軍的原則，而且在討論中使用「二十哩行軍」的說法。因此，當我們發現亞孟森在前往南極點的探險旅程中，完全奉行相同的原則時，感到非常震驚。

相反的，史考特碰到好天氣時，有時會驅策探險隊員走得精疲力盡，碰上壞天氣時，則只是躲在帳篷裡，抱怨天氣太差。十二月初，史考特在日誌中提及他們因為暴風雪而受阻。「我懷疑有誰能在這麼糟糕的天氣中旅行。」但是當亞孟森碰到差不多的情況時（當他穿過山中隘口時，甚至溫度更低、海拔更高），他在日誌中寫道：「今天真是掃興的一天，飽受暴風雪和凍瘡之苦，但是我們又前進了十三哩，離目的地更近了。」

根據亨特福德在《地球上最後一個地方》的描述，史考特在旅程中有六天面對強風，而他在這六天中，沒有一天繼續上路。亞孟森則有十五天碰到強風，但當中有八天，探險隊仍繼續行進。亞孟森抵達南極點的時間完全符合進度，每天平均行進十五．五哩。

十倍勝領導人和他們的公司把二十哩行軍當做自我控制的手段，即使在心懷恐懼或面臨誘惑時也一樣。有了明確的二十哩行軍原則才能專心一志；因為團隊每一份子都很清楚標準何在，以及達到標準的重要性，所以不會偏離正軌。

基因科技的第五級領導人

金融市場不是你能掌控的，顧客不是你能掌控的，地震不是你能掌控的，全球競爭不是你能掌控的，技術變化不是你能掌控的，絕大多數的事情幾乎都超出你的控制範圍。但是當你奉行二十哩行軍的原則時，你和團隊向前邁進時，無論面臨多麼不確定或混亂的情況，仍然有明確的焦點。

在我們的研究中，最有趣的案例之一是基因科技公司。有趣是因為他們早期看似潛力無窮、卻令人失望的表現，也是因為基因科技後來在沒沒無聞、從內部升遷的癌症專家賴文森領導下，貫徹二十哩行軍的做法，而獲得重生的精彩故事。

圖 3-6 基因科技公司的表現：賴文森上任前及擔任執行長期間

1980-2008 獲利

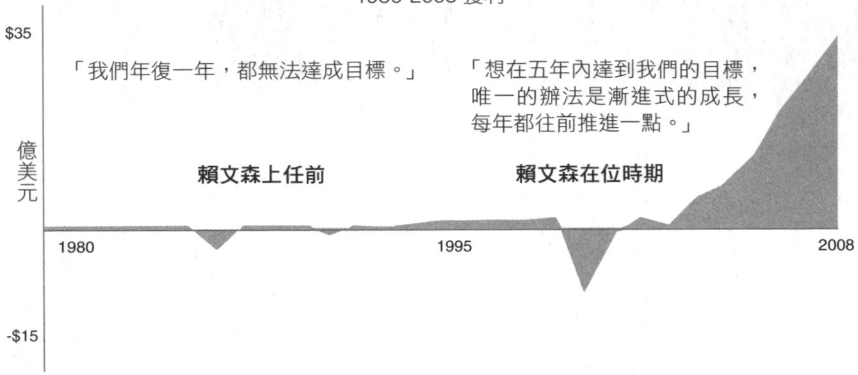
$35
-$15
億美元
「我們年復一年，都無法達成目標。」
「想在五年內達到我們的目標，唯一的辦法是漸進式的成長，每年都往前推進一點。」
賴文森上任前
賴文森在位時期
1980
1995
2008

基因科技公司早年的策略是追求突破性（但毫無紀律的）創新，公司剛創辦時，被視為引領未來風騷的明日之星，是史上第一家純粹的生物科技公司，也是第一家股票上市的生物科技公司。基因科技公司曾開發出許多創新的藥物和療法，包括兒童成長激素以及治療毛細胞白血病、囊腫性纖維化、血友病和心臟病患血栓的療法。哈佛醫學院醫學系主任曾評論，基因科技的心臟病藥物「t-PA 對心臟病的療效有如盤尼西林對感染的療效」，代表了下一波劃時代的創新。

但即使有這麼多創舉，基因科技的經營績效卻未如預期。如果你在一九八〇年十月三十一日買下基因科技的股票，並且繼續持有到一九九五年中期，那麼你的投資報酬率將落後股市整體績效。

但接下來，不可思議的好運氣落在基因科

技頭上，他們從內部拔擢首席科學家賴文森擔任執行長。雖然賴文森從來不曾擔任過執行長，他的卓越表現卻證明他是生物科技業有史以來最傑出的執行長之一。賴文森是一位謙沖為懷、毫不自大的第五級領導人，他懷著赤子之心，追求創新的樂趣，同時又能堅持狂熱的紀律。在他的領導下，基因科技公司專注於發展能達到全球頂尖水準、又能扮演強勁經濟引擎的產品項目。基因科技公司終於啟動成長引擎，交出超越股市整體表現的漂亮成績單（請參見圖3-6）。

一九九八年，賴文森坦承基因科技公司過去欠缺紀律。「我想我們過去的五年計畫勾勒的未來情境是：『嘿，假如一切順利，未來的世界會是這個樣子。』結果沒什麼幫助。我們沒有運用嚴謹的長程規畫來協助企業經營。我曾經參加十五次這類長程規畫報告會議，甚至直接參與其中一部分規畫，你知道一年年過去，我們與長程計畫的目標會有愈來愈大的差距，所以大家都不太把它當真。」

然後他強調基因科技的新做法。「如果我們想在五年內達到追求的目標，唯一的辦法是漸進式的成長，每年都往前推進一點……我們必須每年都達成目標的二〇％。我們不能第一年、第二年、第三年和第四年都只達成二％，然後希望在第五年達成後面的九二％。這樣絕對不可能達成目標。」

賴文森領導下的基因科技公司凸顯了兩個重點：第一，二十哩行軍可以幫助你們把低成就變成高成就；只要繼續留在賽局中，任何時候開始二十哩行軍都不會太遲。其次，單靠尋找或找到新一波引領風騷的偉大創新，並不會讓你們變成一家卓越公司。基因科技過去就好像有天分但欠缺紀律的運動員，表現不如預期，令人大失所望，唯有當賴文森推動狂熱的紀律後，基因科技才符合外界的期望。

現代社會非常看重下一波鼓舞人心的偉大創新或劃時代新產品，大家都樂於閱讀、樂於談論、樂於報導、樂於學習、樂於加入這股新浪潮。然而若把追逐下一波新浪潮當做放棄二十哩行軍原則的藉口，就會變得非常危險。假如你總是不斷追求下一波新浪潮，那麼你最後可能只是落得繼續不斷逐浪。十倍勝公司不見得比對照公司有更好機會，但他們更懂得善用機會。他們從來不會忘記，下一波劃時代的創新可能埋藏在你早已擁有的產品或技術之中。

當然，仍有一些尚未解答的問題。在動盪不安的混亂世界裡，一方面需要狂熱紀律，另一方面也需要不斷創新和適應，如何在兩者之間求取平衡？如果你只是悶著頭日行二十哩，難道不會冒了極大風險，盲目走向被人遺忘的道路嗎？要如何在追求十倍勝的同時，也能在劇烈變動的世界中持續生存下去，而這個世界需要的不只是紀律，也需要創造力和警覺心？我們接下來就要探討這些問題。

本章摘要

二十哩行軍

重點

- 我們研究的十倍勝公司與對照公司之間非常重要的分別就在於二十哩行軍。
- 貫徹二十哩行軍的概念時，必須長時間穩定達到明確的績效標準，因此二十哩行軍的做法會帶來兩種不安：第一種不安是在逆境中仍要致力達成高績效；第二種不安是在順境中仍要自我節制。
- 成功的二十哩行軍具備以下七種特質：

1. 明確的績效標準；
2. 自我設限；
3. 適合個別企業；
4. 在自己掌控範圍內；
5. 適度的時間考量；
6. 由企業自行設定；
7. 保持高度一致性。

● 二十哩行軍不見得都要建立財務上的績效標準，而可以針對創造力、服務的改善、學習效果或任何其他型態，只要具備二十哩行軍的特質就好。

● 二十哩行軍有助於建立信心。無論碰到什麼樣的挑戰或意外衝擊，都能向自己和公司證明，績效好壞不是由外在環境決定，而是由自己的行動決定。

● 沒能奉行二十哩行軍原則的公司會更容易受到亂流的衝擊。每個對照公司至少有一次因為在逆境中未能恪遵二十哩行軍的紀律，結果遭到嚴重挫敗或釀成巨災。

● 二十哩行軍能幫助你們在失控的環境中自我控制。

● 十倍勝領導人都能找到適合自家企業的二十哩行軍目標，不會讓外在壓力為他們界定標準。

● 即使公司早期沒有建立二十哩行軍的觀念，仍然可以隨時開始二十哩行軍的做法，基因科技的賴文森就是如此。

意外的發現

● 遵循二十哩行軍原則的企業能在變動的環境中掌握優勢。環境愈混亂，就愈需要奉行二十哩行軍的原則。

● 追求最大成長和達到十倍勝之間有反向的關聯性。對照公司領導人在經濟強勁時，往往被迫追求高成長，結果在情勢意外逆轉時為公司帶來災難。十倍勝領導人不會盲目追求高成長，他們總是假定壞事隨時可能發生，因此不會過度擴張，以免在厄運來臨時措手不及。

●二十哩行軍不是成功的十倍勝企業才享有的特權；事實上，十倍勝公司往往在成功之前就嚴守日行二十哩的紀律，並因此邁向成功。

關鍵問題

●什麼是你們的二十哩行軍原則，什麼是你們願意像史賽克、西南航空、英特爾和前進保險公司一樣，在十五到三十年的期間內始終如一、致力達成的目標？

第四章

先射子彈，再射砲彈

所謂子彈，就是低成本、低風險、低干擾的測試或實驗。
十倍勝公司利用子彈來驗證哪些做法實際行得通，
再以實證為依據，集中資源，發射砲彈，獲得龐大回收。

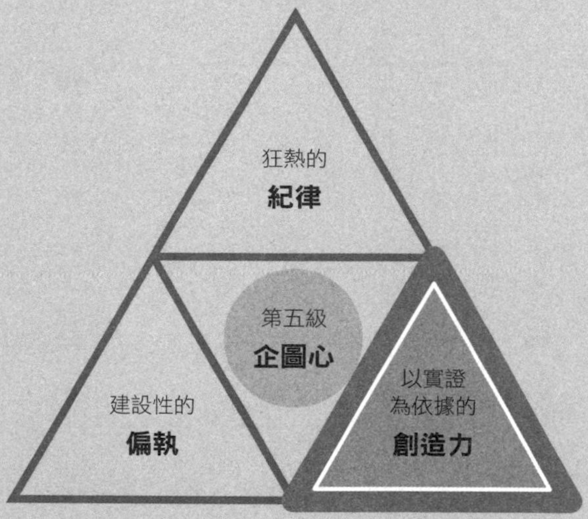

「你也許找不到你想找的東西，但是會找到其他同樣重要的東西。」

——諾宜斯（Robert Noyce）

想像你坐在航空公司的候機室裡等候登機。原本在看報紙的你抬起頭來，看到穿著全套制服的機師，往飛機的方向走過去……他戴著墨鏡，手上拄著白色手杖啪啪的輕輕觸地。

你暗笑了一下。你以前也搭過這家滑稽的航空公司的班機，所以知道他們又在跟不知情的乘客開玩笑了。這些機師有時候會故意開著機上的廣播系統，說些「你記得要怎麼啟動這個東西嗎？」或「我以為鑰匙在你那裡」之類的話。航空公司鼓勵空服人員設計一些趣味遊戲，和乘客開開玩笑：「我們今天的餐點供應牛排和烤洋芋……就在剛剛飛走的那班飛機上。」航空公司每一回又達到新的百萬乘客里程碑時都會挑出一位乘客頒獎。有一次，他們宣揚新里程碑的方式是領著這位乘客走下飛機階梯，然後把韁繩交到他手上，繩子那端繫著一頭乖乖站著、滿臉困惑的牛，這是航空公司送給乘客的特別禮物。你會愛死了這家離經叛道的航空公司，他們為航空業引進了激進的新商業模式，注入歡樂有趣的新文化。

你會更愛這家航空公司的低票價、班機準時紀錄，以及不提供過多服務的做法。乘客無需經歷複雜的傳統購票程序，只需要簡單的收銀機收據即可登機。他們的班機不預先指定座位，沒有艙等區別，也很少延誤。班機降落後，停在登機門載客，然後很快就再度起飛。你也愛極了他們點對點的營運模式，因此不需要一再轉機，靠轉運中心來連結。搭乘他們的飛機非常簡單、快速、好玩、可靠、安全，而且便宜。

準備登機了，你心裡暗暗希望自己不是第X百萬名乘客（你實在不想、也不需要養一頭牛），這時你注意到另外一個你的最愛：飛機前端的下方從左至右畫了大大的黑色U字，看起來像個親切友善的巨大笑臉正望著你，駕駛艙的窗戶是眼睛，飛機的前端則是鼻子。你再一次搭乘太平洋西南航空公司（ＰＳＡ）的班機——巨大的微笑飛行機器。

ＰＳＡ成為美國航空業膾炙人口的成功故事。不只是因為顧客都愛極了這家快樂的航空公司和他們掛著微笑的飛機，也因為事實證明他們的營運模式可以獲利極富成長潛力。所以，當一群創業家決定在德州創辦一家新的航空公司時，他們的營運計畫很簡單：在德州複製ＰＳＡ經驗。根據《紐約時報》一九七一年的報導，西南航空公司總裁穆斯（Lamar Muse）「說得很白，而且一再表示，自從創立以來，西南航空的發展方向一直以ＰＳＡ成功的經營理念為方針」。

「我們不介意當仿冒者，大力仿效這樣的經營模式。」一九七一年，穆斯和西南航空其他高階主管在擬定營運計畫書時，曾到ＰＳＡ參觀，他事後這樣表示。當時ＰＳＡ熱烈歡迎這群德州創業家到聖地牙哥參觀，甚至還向他們推銷ＰＳＡ的飛行訓練和作業訓練。聽起來似乎很奇怪，不過當時美國航空業尚未解除管制，西南航空的營運範圍只限於德州，所以在龐大的加州市場提供州內航運服務的ＰＳＡ地位穩固，絲毫不受威脅。

這群德州來的創業家坐在可摺疊的座椅上，體會搭乘ＰＳＡ班機旅行的經驗，同時詳細做筆記，一一記下登機作業和後勤管理的種種細節。他們回到德州時，攜帶了內容豐富的筆記和整套作業手冊，可以巨細靡遺地模仿ＰＳＡ的經營模式，包括他們有趣而歡樂的企業文化。穆斯後來寫道，他們為自己新創的航空公司擬定作業手冊時，「基本上就是剪剪貼貼。」另外一本關於PSA興衰的書籍也證實這件事。西南航空徹底複製PSA的做法，你幾乎可以稱之為PSA的影印版！

開路先鋒不見得是最後贏家

剛展開這項研究計畫時，我們預期，十倍勝公司之所以能在快速變動、極端不穩定的環境中勝出，創新力或許是重要因素。那麼，要如何解釋PSA和西南航空的差別呢？不難想像，當我們發現，儘管真正的創新者PSA打造出二十世紀航空業最成功的經營模式，如今卻已遭購併，不再是獨立品牌，而我們最愛的例子——西南航空公司，在創辦時幾乎沒有任何創新可言，我們是多麼驚訝。

我們在研究時，先比較分析西南航空和PSA的案例，在研究小組內部討論時，我們說：「也許航空業是特例，在這個行業裡，規模和成本的重要性勝過創新能力。」我們心想，等到我們檢視像醫療器材、電腦、半導體、生物科技和軟體之類科技導向的產業，就會看到壓倒性的證據，顯示十倍勝公司遠比對照公司更懂得創新。

結果，研究小組的發現又令我們大吃一驚。

我們在對照分析兩家生物科技公司時，受到的震撼最大，因為原本以為生物科技業在創新和成功的關聯性應該近乎百分之百，請參見圖4-1的兩組曲線。我們可以在左邊的曲線圖看

圖 4-1　兩家生物科技公司角色逆轉：安進 vs. 基因科技

創新與績效

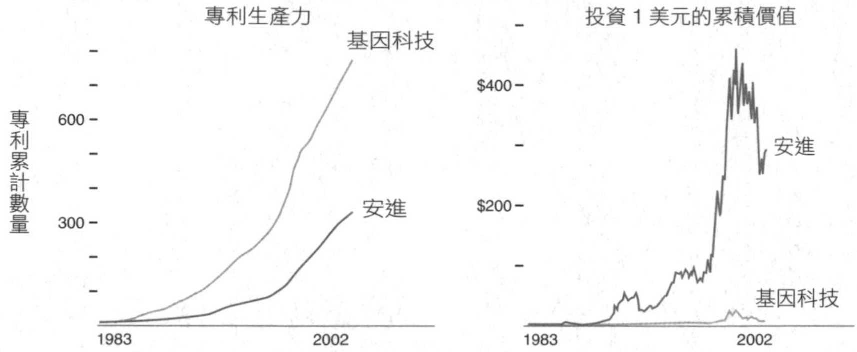

註：

1. 本圖中專利數目的資料來源：美國專利與商標局（United States Patent and Trademark Office），www.uspto.gov。
2. 本圖中所有計算股票報酬率的資料來源：©200601 CRSP®, Center for Research in Security Prices. Booth School of Business. The University of Chicago. Used with permission. All rights reserved. www.crsp.chicagobooth.edu.

到基因科技公司驚人的創新成果，專利數是安進的兩倍多；右邊則可以看到，安進非凡的財務績效是基因科技的三十倍以上。辛格（Jasjit Singh）教授曾經有系統地研究專利生產力，他在專利引用次數上也發現類似的型態，顯示基因科技公司不但產出更多專利，而且他們的專利都很有影響力。基因科技是生物科技業有史以來最創新的公司之一，他們是第一家將DNA重組技術應用在重要商品的公司，也是研發的產品獲得美國食品藥物管理局核可通過的第一家生物科技公司，《科學》（*Science*）雜誌讚嘆他們的重大突破與創新在生物科技業界締造了無與倫比的紀錄。然而，最後卻是安進成為我們研究的十倍勝公司，而不是基因科技。

在好奇心驅使下，我們進行了有關創新的系統化分析，把焦點放在每個產業與創新相關的面向（例如研究生物科技業的創新時，把焦點放在新產品和科學發現，研究航空業的創新時，則把焦點放在新的商業模式和營運方式，以此類推）。我們根據漸進式創新、中度創新和重大創新三類，找出兩百九十個創新事件（三十一項重大創新，四十五項中度創新，兩百一十四項漸進式創新），比較十倍勝公司和對照公司的表現，並自問在我們比較分析的這段期間，哪一家公司的創新能力更強（請參見附錄E）。結果，在七組對照分析的公司組合中，只有三組十倍勝公司的創新力超越對照公司。

我們的研究證據並不支持原本預設的前提，即十倍勝公司的創新力一定勝過較不成功的對照公司。在有些令人訝異的對照案例中，例如西南航空與PSA，以及安進與基因科技，十倍勝公司的創新力事實上還比不上對照公司。

史賽克公司的布朗深信，「緊緊跟風」才是最好的做法，絕對不要率先推出創新產品上市，但也不要落在最後。相反的，對照公司美國外科手術公司的赫希則不斷推出革新手術方式的突破性新產品，例如可吸收性手術用縫合針和微創手術的特殊器材，因此被產業分析師譽為醫療器材業最創新的公司。《投資人商業日報》指出：「這就是美國外科手術公司拋開競爭對手的辦法——比他們更加創新。」然而緊緊跟風的史賽克公司，其長期績效卻凌駕美國外科手術公司。

即使在有些對照組中，十倍勝公司的創新力確實超越對照公司（例如英特爾和超微的情況），我們找到的證據仍然不足以支撐原本的假設：重大的突破性創新是十倍勝公司能脫穎而出的最重要因素。

在歷史上好幾個重要轉折點，英特爾晶片都不是業界最創新的產品。升級到十六位元微處理器時，英特爾的開發速度落後國家半導體和德州儀器公司；英特爾有些主管認為，他們的八〇八六晶片比不上摩托羅拉的六八〇〇〇晶片；英特爾三十二位元微處理器也較晚推出上市。在開創性的RISC（精簡指令集）晶片發展，英特爾也落後競爭對手，必須拚命追趕。當然，英特爾也有重大創新（我們不是說英特爾不懂得創新），但歷史證據顯示，在關鍵轉折點上，英特爾並不是那麼重要的創新先鋒，至少不像一般人想像的那麼重要。

並不是只有我們發現這件事，泰利斯（Gerard J. Tellis）和葛爾德（Peter N. Golder）在著作《意志力與願景》（*Will and Vision*）中，有系統地檢視了六十六個從口香糖到網路等不同性質的市場，研究長期穩居市場領導地位與扮演創新開路先鋒之間有沒有關聯性。他們發現，只有九%的創新先鋒在市場上成為最後贏家。吉列（Gillette）並不是推出安全刮鬍刀的先驅，星星牌（Star）才是。寶麗來（Polaroid）並不是拍立得照相機的首創者，杜布羅尼公司（Dubroni）才是。微軟不是率先推出個人電腦試算表的公司，VisiCorp 才是。亞馬遜

（Amazon）並不是第一個在網路上賣書的公司，美國線上公司（American Online, AOL）也不是第一家推出線上網路服務的公司。泰利斯和葛爾德也發現，六四%的開路先鋒都失敗了。由此看來，開拓性的創新雖然有益社會，但就統計上而言，扮演開路先鋒卻可能嘗到致命苦果！

可以想見，我們如果和一些十倍勝公司分享這個令人困惑的發現，他們可能大吃一驚，甚至怒不可遏。例如蓋茲就認為，微軟創立的頭三十年之所以如此成功，創新是核心要素，可以想像他聽到我們的發現後會厲聲說：「這是我這輩子聽過最愚蠢的說法！」

的確，如果我們挑明了說「創新不好」，可能真的該被罵笨蛋。但我們的意思並非如此，我們並不是說創新一點也不重要。我們所研究的每一家公司都認真創新，只不過與同業及對照公司相較，十倍勝公司的創新程度並不如原本期望的那麼高；他們的創新程度已足以讓他們成功脫穎而出，但一般而言，他們不是業界最會創新的公司。

我們的結論是，不管身處哪一種環境，要成為賽局中的競爭者，就必須達到某個程度的「創新門檻」。有些產業的創新門檻很低，例如航空業，有些產業門檻很高，例如生物科技業；無法達到門檻的公司就無法勝出。但令我們訝異的是，一旦你超越了基本的創新門檻，創新程度究竟有多高似乎就不見得那麼重要了，在變動劇烈的環境中尤其如此。

表 4-1　創新門檻

產業	創新的主要層面	創新門檻
半導體業	新設備、新產品、新技術	高
生物科技業	新藥的開發、科學發現、重大突破	高
電腦／軟體業	新產品、新技術、性能增強	高
醫療器材業	新醫療器材、應用方式的突破	中
航空業	新服務特色、新的商業模式和做法	低
保險業	新的保險產品、新的服務特色	低

這真是個誘人的謎題：雖然大家普遍認為，在瞬息萬變的世界，「創新」或許是企業成功最重要的因素，然而為什麼在我們的系統化分析中，創新程度卻不是十倍勝公司之所以超越對照公司的主要特色？原因在於，企業一旦達到在業界生存和成功必需的創新門檻，他們還需具備其他要素，才能成為十倍勝公司，尤其需要融合紀律和創造力，才有辦法致勝。

融合紀律與創造力

一九七〇年，一家叫超微的小公司打破了一千位元記憶體晶片的障礙，比競爭對手（另一家叫英特爾的小公司）提前幾個月，在市場上推出設計完善的產品。聽起來好像沒什麼大不了，但在這場變動快速的科技革命初期，大家競相成為產業標準，落後幾個月簡直就像在四分鐘跑完一哩的競賽中比對手慢了一分鐘一樣。英特爾直到一九七〇年後期才推出一一〇三記憶體晶片，而且在倉促迎戰的混亂中碰到一連串問題，包括可能導致資料消失的瑕疵。年輕的英特爾公司已經落後競爭對手幾個月，而他們研發的記憶體在某些情況下竟然會失去記憶力！於是英特爾的工程師連續八個月，每週工作五十小時、六十小時，甚至七十小時，設法解決問題。葛洛夫在一九七三年回顧當時的情況說：「這個地方簡直像瘋人院。我在晚上真的會作噩夢。我會在半夜突然驚醒，回想白天發生的種種爭執。」

儘管如此，英特爾後來還是迎頭趕上，超越了超微，最後還擊敗超微。「我們的設計比較好，但是在市場上搞砸了。」超微董事長表示，「（英特爾）把我們打敗了。」到了一九七三年，英特爾一一〇三晶片已成為全球最熱銷的半導體零件，幾乎每個重要的電腦製造商都採用英特爾晶片。

為什麼？

沒錯，創新扮演了一部分角色；一一〇三確實是性能極佳的晶片，但更顯著的原因則是英特爾在一九七三年建立的信條：「英特爾說到做到。」（Intel Delivers.）

諾宜斯談到英特爾的早期成功時指出：「能說到做到、推出零件的能力，讓情勢轉為對我們有利。」英特爾全神貫注於製造、交貨和規模上。「我們希望一次就把工程技術做到最好，然後就可以一而再、再而三地反覆銷售這個產品。」諾宜斯說。

「英特爾說到做到」比「英特爾創新」更能說明英特爾為何能比對手成功十倍。說得更準確一點，「英特爾努力創新，以達到必要門檻，然後他們有能力在預期成本之內，推出可靠而穩定的創新產品，把其他競爭對手徹底擊潰。」這是英特爾之所以能達到十倍勝的關鍵要素。

英特爾創辦人深信，沒有紀律的創新會導致災難。摩爾在一九七三年表示：「這個行業簡直活在災難邊緣。」他是指過度急切的技術專才總是承諾太多，到時候卻沒辦法以適當的成本，做出數量充足、品質可靠的晶片。的確，摩爾在一九六五年提出的摩爾定律，並非完全把焦點放在每年積體電路複雜度加倍（創新要素）這件事上，也強調要以最低成本做出來。堅持摩爾定律不只關乎創新，也關乎紀律、規模和系統。作家柏林（Leslie Berlin）在關於英特爾早年歷史的權威傑作《微晶片的背後推手》（*The Man Behind the Microchip*）中寫道：「英特爾需要的不是邁開大步、向前躍進的勇氣，而是能夠在可控情況下循序漸進的嚴謹紀律。」

有一篇文章將英特爾製造半導體晶片的方式比喻為產出一粒粒高科技水果軟糖，作者引述葛洛夫在這段期間說的話：「我們必須把事情安排得有系統、有條理，才不會發生技術故障。」葛洛夫打造英特爾時，並非仿效先進的研究開發實驗室的模式，而是學習麥當勞的做法，他在辦公桌上放了一個漢堡盒，上面還有個假的公司標誌：McIntel（麥英特爾）。

英特爾曾在一一〇三晶片成功二十五年後，再次闡述核心價值。那麼英特爾領導人心目中最重要的核心價值是什麼呢？不是創新，也不是創意，而是紀律。

當然，單靠紀律無法達到卓越成就，而必須結合紀律和創造力，也就是《基業長青》中所說的「兼容並蓄」。西南航空總裁凱勒赫的多年好友曾指出：「大家都不明白，凱勒赫既有愛爾蘭人的瘋狂創意，也有普魯士人的嚴謹紀律。你不是經常可以在一個人身上看到這兩種特質的組合。」

必須融合高度的創造力和嚴謹的紀律，創造力才能發揮得淋漓盡致，而不至於扼殺創意，但能做到的公司寥寥無幾。當你能夠結合創新能力和卓越的營運時，才能加倍發揮創造力的價值。十倍勝公司正是如此。

我們在比較分析企業創新力的資料時，陷入兩難的困境。一方面，當你面對不確定又不穩定的世界，一味過度強調創新，不但無法成功致勝，甚至可能走上滅亡；大膽押寶於錯誤的新技術、新產品上，或徒有正確的創新卻欠缺良好的執行力，都會讓自己暴露在失敗的風險中。另一方面，假如你坐著不動，從來不肯大膽嘗試或勇於創新，那麼也會逐漸被拋在後頭，最後終於生存不下去。要解決這個難題，必須以更有用的觀念：「先射子彈，再射砲彈」，來取代過於簡化的信條：「不創新，就完蛋」。

布滿彈坑的戰場

想像在茫茫大海，一艘懷著敵意的船隻正逐步逼近，而你的彈藥有限。於是你孤注一擲，把所有的火藥都拿來發射砲彈。這顆砲彈飛越大海……偏了四十度，沒有擊中目標。你檢查庫存，發現彈藥全用光了。你死定了。

但假設看到敵船逼近時，你先取出一點點彈藥，發射一顆子彈。子彈偏了四十度。你再發射一顆子彈。這回偏了三十度，仍然沒有擊中目標。於是你發射第三顆子彈，這回只偏離十度。下一發子彈射出，砰！擊中船身。這時候，你才把所有剩下的火藥集中起來，沿著同樣的路線發射一顆巨大的砲彈，終於擊沉敵船。你活了下來。

一九八〇年四月十四日，創投家波斯（William K. Bowes）和科學家薩爾瑟（Winston Salser）召集了一小群科學家和投資人在加州理工學院開會，討論一家新成立的生物科技公司。這家公司沒有執行長，也沒有產品、行銷計畫或具體方向，只有一個科學諮詢委員會和一小群投資人，他們願意投資近十萬美元到ＤＮＡ重組技術這個新興領域。他們的想法很單純：盡力網羅一批最優秀的人才，提供資金，讓他們提出各種應用最新ＤＮＡ重組技術的想法，從中挑選可行性高的方案、開發新產品，打造一家成功的公司。

六個月後，波斯說服拉斯曼辭掉亞培製藥公司（Abbott Laboratories）研發副總裁的職位，來領導這家後來叫做安進的小公司。於是，拉斯曼和三名員工開始在一棟預鑄建築物上班，分租辦公室的房客是加州千橡市福音合唱團。他們的第一個任務是網羅優秀人才，任務二是盡可能多方收集彈藥（額外的資金），任務三是找出成功之道，建立一家卓越公司。

但是，該怎麼做呢？

安進嘗試把DNA重組技術應用在「幾乎每一樣東西上」。他們開始發射許多子彈：

子彈：治療病毒性疾病的白血球干擾素。

子彈：B型肝炎疫苗。

子彈：幫助傷口癒合和治療胃潰瘍的表皮生長因子。

子彈：改善醫療診斷檢驗的免疫分析法。

子彈：診斷癌症、感染性疾病和遺傳疾病的雜合探針。

子彈：紅血球生成素（EPO），治療慢性腎臟病引起的貧血。

子彈：雞生長激素培育更優秀的雞種。

子彈：牛生長激素，促進牛乳分泌。

子彈：生長激素釋放素。

子彈：豬小病毒感染症疫苗，提高豬隻繁殖率。

子彈：豬傳染性胃腸炎疫苗。

子彈：利用生物工程製造出牛仔褲用靛藍染料。

到了一九八四年，可以治療貧血的紅血球生成素開始展露潛力，看起來前景最佳。隨著科學愈來愈進步，安進的科學家可以將紅血球生成素的基因分離出來。於是安進投入更多彈藥，開始進行臨床試驗、證明藥物功效、申請專利等。然後在完成科學研究和市場評估後（美國有二十萬名慢性腎臟病患），安進才發射砲彈，建造檢驗設施，投入資金製造新藥，並組團隊來推動新藥上市。結果，紅血球生成素是史上第一個超級熱賣的生物工程新藥。

安進的早期發展正充分說明了本研究觀察到的重要型態：先射子彈，再射砲彈。一開始你們先發射子彈，弄清楚怎麼做才能奏效。然後一旦透過發射子彈，有了實證的依據而信心大增，就可以集中資源，發射砲彈。等到砲彈一舉中的，你們仍要落實二十哩行軍的原則，善用這次成功。

十倍勝公司的發展史就好似布滿彈坑的戰場，沒有射中目標的子彈散落四處。回溯公司歷史時，許多人喜歡把重心單放在巨大的砲彈上，令大家誤以為唯有膽識過人、勇於下大賭注、發射巨砲，才能締造十倍勝的豐功偉業。但歷史研究的證據告訴我們不同的故事，其中包含幾十顆散落塵土的小子彈，以及幾顆準確命中目標的砲彈。

子彈應該包含哪些要素？

子彈乃是作為實地測試之用，目標是了解哪些做法行得通、哪些行不通，因此子彈必須符合以下三個條件：

一、低成本。請注意，當企業逐漸成長壯大，子彈的規模也隨之成長。一百萬美元規模的企業心目中的砲彈，在十億美元規模的企業看來，可能只是小小的子彈。

二、低風險。請注意，風險低不見得成功機率就大增；低風險意謂著假如子彈射偏了、未命中目標，後果也不會太嚴重。

三、低干擾。請注意，我們的意思是，對整個企業而言是低干擾，但對個人或少數人而言，可能造成極大干擾。

十倍勝公司往往會結合創造性的子彈（例如新產品、新技術、新服務或新製程）和收購兩種發展方式。企業要將收購當做子彈，必須通過三項測試：低成本、低風險、低干擾。生邁公司就以收購為手段來探索新市場、新技術、新利基，但他們也為收購訂下限制條件：不能舉債收購或頂多小額貸款，並且完成收購後資產負債表必須依然非常健康，才能確保這次收購是低成本、低風險，而且相對而言，也不會對企業造成太大干擾。

生邁的對照公司科士納就恰好相反。科士納喜歡發射砲彈，不惜大幅舉債和冒高風險收購其他公司（請參見圖4-2）。因此科士納在收購時必須一舉中的，否則就會陷入嚴重困境。一九八八年，科士納進行砲彈式的大手筆收購，以科士納股東權益總值七成以上的價格買下奇克醫療公司（Chick Medical）。結果這是一次災難性的收購行動，當奇克醫療的業務員紛紛變節投奔敵營時，情勢變得更加不利。科士納公司經過這次收購和其他收購行動之後，負債總額對股東權益的比值一路飆高，從四三％竄升為六〇九％，令公司暴露在極大風險中。很快被債務壓垮的科士納，現金嚴重失血，而砲彈式的收購壯舉也看不到什麼效果，科士納只好在一九九四年賣給生邁公司。

砲彈未校準的危險

奉行「先射子彈，再射砲彈」的原則，需要採取一連串的行動：

- 發射子彈。
- 評估：你發射的子彈有沒有打中任何東西？
- 思考：是否應該把成功擊中目標的子彈轉換成砲彈？

圖 4-2　生邁 vs. 科士納

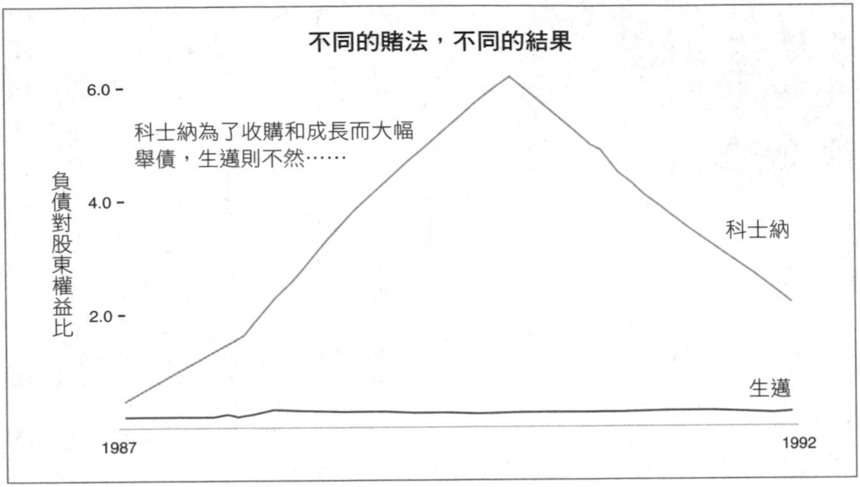

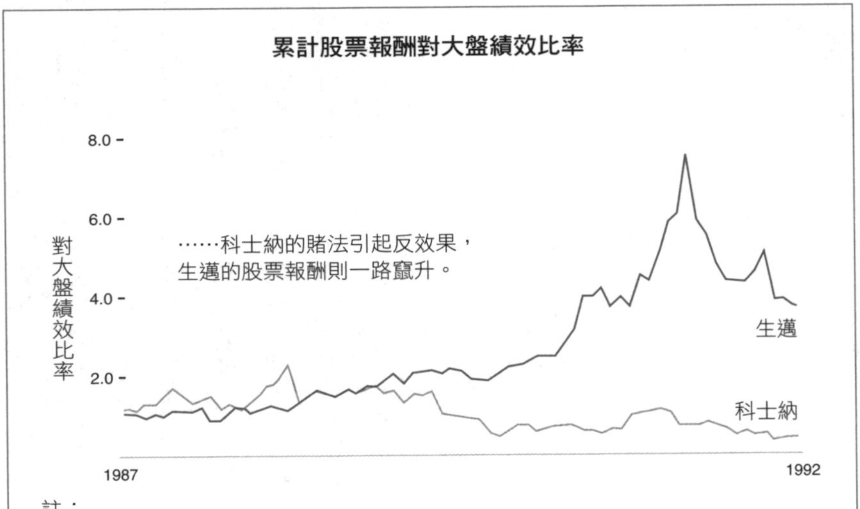

註：

1. 負債＝流動性負債總額＋長期負債總額。
2. 從 1986 年 12 月 31 日到 1992 年 12 月 31 日每家公司的表現相對於大盤表現的比率。
3. 本圖中所有計算股票報酬率的資料來源：©200601 CRSP®, Center for Research in Security Prices. Booth School of Business. The University of Chicago. Used with permission. All rights reserved. www.crsp.chicagobooth.edu.

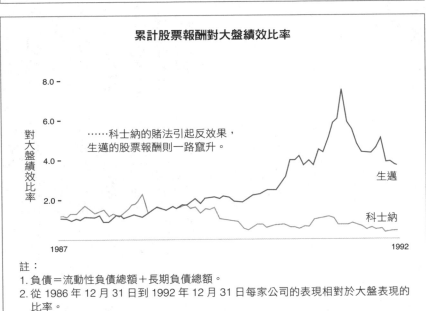

●轉換：一旦校準好砲彈，就集中資源、發射砲彈。
●千萬不要發射未經校準的砲彈。
●停止發射無法證明能成功射中目標的子彈。

十倍勝公司和對照公司都會發射砲彈。不過對照公司往往尚未校準砲彈（沒有經過實際經驗的驗證），還不確定砲彈可以命中目標就發射砲彈。我們把這種未經實際驗證就發射的砲彈簡稱為「未校準的砲彈」。十倍勝公司通常會發射「校準後的砲彈」，另一方面，對照公司則到處發射「未校準的砲彈」（十倍勝公司的砲彈校準率為六九％，對照公司為二二％）。無論是十倍勝公司或對照公司發射的砲彈，「校準後的砲彈」成功率（八八％）幾乎是「未校準的砲彈」（二三％）的四倍（請參見附錄F）。

一九六八年，PSA大膽發射名為「搭機—租車—住宿」的新砲彈。乍看之下，這個想法很有道理。你們是一家航空公司，搭機的旅客需要租車，也需要旅館房間住宿，所以何不乾脆邁開大步，跨入旅館業和租車業呢？於是，PSA開始大舉收購加州旅館或簽下二十五年租約，其中包括長期停泊在加州長堤港口的瑪麗皇后號豪華郵輪。PSA也買下一家租車公司，很快地擴張為二十個據點，擁有兩千多輛汽車。PSA原本可以發射一連串的子彈，先收購一家旅館，並且和租車公司合作，先選定一個地方測試水溫，了解原先的構想有哪些行得通、哪些行不通、如何改進，再大舉出擊也不遲。但是PSA大膽採取大動作，不幸的是，「搭機—租車—住宿」的砲彈發射出去後，就不知道飛到哪裡去了，只帶來年年虧損。PSA的董事長安德魯斯（J. Floyd Andrews）體認到：「我們根本不懂得怎麼經營旅館。」

然後PSA又在一九七〇年代初發射了另一顆未校準的砲彈，大膽簽約，以相當於股東權益總值一・二倍的價格，購買五架L1011超寬機身的巨無霸飛機。別忘了，PSA的核心業務是為往來加州南北的旅客，提供快速簡便的短程通勤服務（因此不適合採用寬機身的巨無霸飛機，因為會拉長登機時間）。更何況PSA要求調整機艙設計（例如出口更寬、沒有備餐廚房等），因此萬一他們急需現金時，也很難把飛機賣給其他航空公司。PSA為了引進L1011飛機，還需要先投入巨資購買飛機拖車、維修設備、登機設備，以及加強訓練。巨無霸飛機重達四萬兩千磅的噴氣發動機需要消耗大量燃料，因此有三百零二個座位的PSA巨無霸飛機如果沒辦法班班客滿，就會損失慘重。

不幸的是，正當PSA開始讓巨無霸飛機L1011擔綱服勤，努力從慘敗的「搭機—租車—住宿」計畫撤退時，不巧碰上了阿拉伯石油禁運，飛機燃料成倍飆漲。當時經濟陷入衰退，通貨膨脹又推升營運成本，然而儘管PSA要求機票上漲一六％，負責規範航空公司票價的加州公共事業委員會卻只准他們漲價六・五％。接著機械師工會又發動罷工。結果，飛機班班填不滿，出師不利的L1011飛機後來被封存在沙漠中，始終沒有再加入PSA的機隊飛上天空。PSA資深副總裁一九七五年談到公司財務時表示：「我們已經非常、非常接近破產邊緣。」

ＰＳＡ一直未能再攀高峰、重拾卓越，反而因為拚命想恢復昔日動能，一再發射未校準的砲彈。例如他們曾試圖與布蘭尼夫航空公司（Braniff Airlines）合資，想透過抄捷徑而搖身一變成為全國性航空公司（後來布蘭尼夫航空公司宣告破產，這項潛在的合作計畫也戛然而止），以及放棄原本簡單實在不花俏的商業模式、改採麥道公司（McDonnell Douglas）的小型飛機（儘管過去波音飛機已經締造成功經驗）、跨入石油與天然氣探勘事業。

而且ＰＳＡ還是在連番遭遇打擊時採取這些行動。美國航空業自由化之後，競爭對手蜂擁而出，ＰＳＡ面臨激烈競爭。他們與洛克希德公司（Lockheed）為了L1011飛機打官司，導致財務出現不確定因素。期間還曾因為機師罷工，公司營運停擺了五十二天。原本決定改採麥道公司的DC-9-80型飛機，不料麥道延遲交機，以至於機師罷工結束時，ＰＳＡ沒有足夠的飛機可以載客，導致原本以準時可靠著稱的ＰＳＡ聲譽大為受損。雪上加霜的是，一架ＰＳＡ七二七型飛機在準備降落聖地牙哥機場時，和一架賽斯納（Cessna）訓練機相撞，結果兩架飛機都墜毀。「塔台，我們正在墜落。」當時機師說，「這是ＰＳＡ。」

最後，ＰＳＡ在一九八六年十二月八日賣給全美航空公司。漆著笑臉標誌的ＰＳＡ噴射機被一架架送進維修機棚中改裝。再次出現時，重新粉刷過的飛機面目不再別具特色，只是龐大機隊中可以替換的一員。

PSA的敗亡說明了在變動劇烈、高度不確定的世界裡，貿然發射未校準的砲彈是多麼危險。如果砲彈轟然射出時，正巧企業也連連遭遇重大衝擊，那麼很可能釀成可怕的災難。

當然，我們強調的是未經校準、找不到目標的砲彈。如果你發射了未校準的砲彈，卻一舉擊中目標呢？倘若潛在報酬非常高，或許還值得冒險賭賭看。但諷刺的是，有時候你明明發射的是未校準的砲彈，卻僥倖成功了，發了一筆橫財，結果可能比沒有射中目標還危險。千萬切記，透過不好的過程而達到好的成果，是很危險的事情。儘管過程好也不見得能得到好的結果，而過程不好也不見得結果不好；但經由不好的過程而得到好的結果（發射未校準的砲彈卻碰巧成功了），會強化不好的過程，導致你們發射更多未校準的砲彈。

你會勸親朋好友去拉斯維加斯試試手氣賭一把，把全部身家都下注在轉一次輪盤的結果上嗎？假如你的朋友深信，必須在輪盤賭這類高風險遊戲中大膽下注才能大贏，於是他到拉斯維加斯，押大注玩輪盤賭，結果贏了。他回家後會說：「你瞧，玩輪盤賭是個好主意，你看我贏了這麼多錢。我下星期還要回去，把全部身家都賭下去！」

前進保險的三個策略性決策

十倍勝公司並非彈無虛發，事實上，他們發射砲彈的成績並不完美。西南航空在一九八〇年代初期收購繆斯航空，是超越原有經營模式的大動作，結果失敗了。英特爾在一九九〇年代也曾押下未經檢驗的大賭注，大力推動個人電腦業改採新的記憶體技術，結果失敗了。但是當十倍勝公司罕見地發射了未校準的砲彈後，他們通常都能很快從自己的錯誤中學習，恢復先射子彈、再射砲彈的做法。

前進保險公司在發展過程中，大半時候都遵循明確的指導原則，避免發射未校準的砲彈，他們有一條規定：在新事業調整完畢、能持續獲利之前，任何新事業的規模都不能超過公司總營收的五％。但在一九八〇年代中期，前進保險公司開始賣保險給貨運公司和公車系統時，卻打破了這項規定，淨承保保費在短短兩年內，從零竄升到六千一百萬美元（幾乎占前進保險公司總保費的八％），貨運保險業務的人力也在一年內膨脹十倍（儘管出現二三％的承保損失），接下來那一年，保費又成長三倍。「我們以為，新市場不過就是由糟糕的司機駕駛更大的車子。」一位前進保險的主管說。結果發現，這是截然不同的市場。比起個別駕駛，貨運公司擁有強大的議價能力，還養了一批精明的律師，為他們打官司爭取理賠。路易斯談起後來八千四百萬美元的虧損時，形容那是「財務上的大災難」。「我很慚愧竟然讓公司陷入這樣的處境。」他承認，然後指著鏡子，怪罪自己：「我必須為這件事負責。」

十倍勝公司雖然也會犯錯，甚至有時候因為發射未校準的砲彈而鑄下大錯，但他們把錯誤看成昂貴的學費：最好從中記取教訓，盡可能學到一些東西，並且應用所學，避免重蹈覆轍。但是當對照公司由於任意發射砲彈而釀成巨災時，他們常常想藉著發射另一顆未校準的砲彈來脫身，十倍勝公司則會恢復原本的紀律，唯有經過實際驗證後才發射砲彈。

前進保險公司發誓絕不重蹈覆轍，而且後來跨入標準型保險業務時，也應用了這次學到的教訓。前進保險過去的成功乃奠基於非標準型保險，他們賣保險給一般保險公司避之唯恐不及的高風險汽車駕駛人。那麼，他們應該跨入標準型保險的領域，賣保險給一般汽車駕駛人嗎？前進保險的主管不知道答案，但他們知道如何尋找答案：先發射子彈。

一九九一年，前進保險公司先挑幾個熟悉的州（例如德州和佛羅里達州）進行實驗。兩年後，他們仍然繼續發射子彈，在更多州測試販賣標準型汽車險。他們不斷發射子彈、子彈、子彈……每一發子彈都產生一些結果，驗證他們的想法。接著在一九九四年，有了實證為依據（我們已經證明可以這樣做！），前進保險集中火力，發射砲彈，全力以赴，進軍標準型保險的市場。到了一九九六年底，前進保險公司已經在美國四十三州提供標準型汽車險，五年內已經有將近一半的營業額來自標準型汽車險。到了二〇〇二年，前進保險已經是美國汽車保險業第四大的保險公司。

有趣的是，前進保險決定不要發射砲彈，不進軍住宅保險業務。這個政策無論與未經驗證的貨運保險砲彈或經過實證的標準型汽車險砲彈相較，都是有趣的對比。乍看之下，跨入住宅險似乎很有道理，何不把汽車險和住宅險綁在一起成套銷售呢？我們可以預見大量的分析結果都顯示，從綜效或策略的角度來看，採取這個行動都很合理，甚至有充分的理由為此大舉購併。然而這一回，前進保險公司學到教訓了：不管簡報中用多少張投影片來支持這個政策，唯有經過實際驗證，才會知道哪些做法行得通、哪些行不通。所以前進保險就像當初跨入標準型汽車險市場一樣，再度發射子彈，先在十幾個州測試市場。不過這一回和當初跨入標準型汽車險的情況不同，發射的住宅險子彈落空了，沒有擊中任何目標，於是前進保險終止了跨入住宅險市場的嘗試。

前進保險公司的三個策略性決策——貨運保險（未校準的砲彈）、標準型汽車險（經過校準的砲彈），以及住宅險（發射子彈後，決定不要發射砲彈）——都提供了非常重要的教訓。面對不穩定、不確定和快速變動時，如果單純仰賴分析來制定決策，可能會有致命風險。分析能力依然很重要，但實際驗證更加重要。

所以基本原則就是：必須經過實際驗證。創意很重要，但必須透過實際經驗來驗證創意確實可行。你甚至不需要自己發射所有子彈；你可以從其他人的實證經驗中學習。西南航空公司藉由模仿PSA驗證過的商業模式，成為美國史上最成功的新創事業。亞孟森擬定策略時，乃是以經過實證的極地生存技巧為基礎，包括愛斯基摩人幾世紀以來精通的技巧——用狗拉雪橇（相反的，史考特大膽押注在新奇的電動雪橇上，但這種電動雪橇從來不曾在極端的極地環境中通過完整測試）。

最重要的不是跑得比別人快或擁有最厲害的創意，而是弄清楚實務上怎麼做才行得通，而且要做得比別人都出色，然後再落實二十哩行軍的原則，把做得最好的部分發揮到極致。

比爾．蓋茲的避險措施

我們展開這項研究計畫時，很好奇十倍勝公司是否特別擅長預測未來，才有辦法總是走在時代尖端，成為大贏家。但我們無法證實這個假設。即使偉大的軟體天才蓋茲都沒有特殊的預測能力。他並非從一開始就計畫周詳，讓微軟率先為IBM個人電腦設計作業系統並推出上市；當IBM突然詢問微軟能否提供作業系統時，蓋茲正專注於研究電腦語言；蓋茲也沒有領導微軟成為網路瀏覽器的開路先鋒。

一九八七年，蓋茲面對的難題是：究竟要押寶在DOS/Windows上，還是OS/2上。一方面，採用MS-DOS的IBM個人電腦已是業界標準，而微軟開發出可以在DOS上執行的Windows軟體，成為早期標準是Windows軟體的一大優勢。另一方面，IBM致力於建立新的作業系統，並和微軟合作開發後來稱為OS/2的系統。一九八七年四月，ＩＢＭ大舉推出新電腦，作業系統採用技術更優越的OS/2，連蓋茲都預測，兩年內OS/2將主導市場。

然而就在同一段時期，蓋茲默默發射子彈，繼續開發Windows軟體。萬一OS/2失敗了呢？萬一即使對ＩＢＭ而言，DOS的勢力已龐大到難以超越？萬一軟體公司未把他們的程式轉換為能在OS/2系統上執行，以至於新電腦沒有太多軟體可以選擇呢？萬一？萬一？萬一？蓋茲的建設性偏執發作了，他擔心微軟會暴露在所有這些不確定的風險中，所以儘管連周遭最親近的同事都提出質疑，他仍採取避險措施，保留十來個人力繼續開發Windows軟體……以防萬一。蓋茲很聰明，他知道自己還沒有聰明到足以預知OS/2系統的命運。

到了一九八八年下半年，OS/2的市占率只有一％。對ＩＢＭ而言是壞消息，對微軟卻未必。美國《商業週刊》指出：「從某個角度來看，微軟不可能輸。假如OS/2失敗了，MS-DOS會接手收拾爛攤子。」蓋茲繼續預測（至少在公開場合），OS/2會勝出。但實際證據對Windows愈來愈有利。「有誰料想得到……一九八九年會變成微軟Windows年，而不是OS/2引領風騷的一年？」《ＰＣ週刊》寫道。「不過事實似乎就是如此。」

Windows 3上市後，在短短四個月內賣出一百萬套，而OS/2花了三年工夫，只賣出三十萬套。

於是，蓋茲把全部賭注押在Windows軟體上。到了一九九二年，Windows軟體每月銷售量超過一百萬套，蓋茲這時候致力於開發Windows 95軟體。砲彈正中標靶，Windows 95

才推出四天，就有一百萬名顧客開始使用，讓微軟成為市場霸主。微軟繼續向前邁進，秉持二十哩行軍的原則，把這項主力產品的潛力發揮得淋漓盡致。

十倍勝領導人不見得特別高瞻遠矚，也並非天賦異稟能預測未來。如果連二十世紀最偉大的商業天才蓋茲，都無法準確預測他的產業未來會發生什麼事，那麼我們沒有理由期望任何人能因為採取了「預測未來，並因應未來而預先占據有利位置」的策略而成功。

當我們發現，要在不確定的環境中蓬勃發展，其實不需要任何特殊的預測未來本事時，我們著實鬆了一口氣。如果你不知道接下來會發生什麼事（事實上也沒人知道），那麼本章為你指出可以持續進步的方法，你無需因為生命中的種種不確定而陷入癱瘓，動彈不得。當我們在工作上逐步進展，向十倍勝公司學習如何面對種種不確定和變動，我們就可以開始改變自己的做法，甚至用語，不再試圖預測未來或透過分析找到「正確」答案。我們反而開始問正確的問題，例如：

「我們如何透過發射子彈了解情況？」

「就這個問題而言，我們應該如何發射子彈？」

「其他公司發射了哪些子彈？」
「我們從發射這顆子彈學到什麼？」
「我們是否需要發射另外一顆子彈？」
「有沒有充分的實證支持我們發射砲彈？」

如果你事先已經知道發射哪些子彈之後才值得在隨後發射砲彈，那麼豈不是只要發射那些子彈就夠了。問題是，你當然不知道，所以才需要發射子彈，而且你也充分明白，其中有些子彈將打不到任何東西。不過，最後當你已經有充分證據、知道可以發射砲彈時，這時候你就需要有更大的承諾了。假如你只發射子彈，從來不肯大膽下注或努力追求膽大包天的目標，那麼你永遠不可能有偉大的成就。

蘋果的重生：子彈、砲彈和有紀律的創新

二十一世紀初，賈伯斯決定蘋果公司要開始自己展店，但他知道自己不懂展店，缺乏實際經驗，於是他問：「誰是最出色的零售業主管？」答案是：Gap 當時的執行長德瑞斯勒（Mickey Drexler）。於是，賈伯斯說服德瑞斯勒加入蘋果董事會，並且開始學習關於零售業的一切。

德瑞斯勒告訴賈伯斯，不要一下子開二、三十家店，而要先在倉庫裡打造蘋果專賣店的原型，然後不斷修改設計，直到找到對的設計（子彈、子彈、子彈）。必須在找到可行方案、並且通過測試之後，才能把它推到市場上。後來賈伯斯正是這樣做。的確，最初的設計並不成功。賈伯斯說：「我們大概都覺得：『喔，天哪，我們搞砸了。』」於是賈伯斯和零售主管強森（Ron Johnson）重新設計，然後測試，再重新設計，直到找到對的設計為止。他們在維吉尼亞州和洛杉磯推出第一家和第二家店，等到這兩家店證明成功了，才以一致的風格陸續推出其他的店。發射子彈，校正，發射子彈，重新校正，發射砲彈。

當年賈伯斯在董事會和執行長史考利（賈伯斯在一九八〇年代初大力延攬史考利來協助他經營蘋果公司）攤牌，結果輸了，於是賈伯斯離開蘋果，在高科技業的荒野中遊蕩了十二年，才終於在一九九七年又回到蘋果公司。不難想像，當一個人被迫離開自己一手創立的公司，然後看著公司在一個個不了解蘋果為何偉大的執行長手中，變得日益衰弱、跌跌撞撞，累計股票報酬率甚至落後整體股市績效六〇％，他會感到多麼憤怒！

在賈伯斯重返蘋果公司之前，對蘋果還懷抱希望的人寥寥無幾，大家都不認為蘋果能重振雄風。在一九九七年的顧能研討會（Gartner Symposium ITxpo97）中，有人問戴爾電腦創辦人戴爾（Michael Dell）會拿蘋果怎麼辦，戴爾告訴聽眾：「我會怎麼辦？我會把它關掉，把錢還給股東。」

接下來五年，從一九九七年底到二〇〇二年，蘋果的投資報酬率超越大盤表現一二七%，而且還繼續進步，最後在二〇一〇年成為最有價值的科技公司。

賈伯斯為了讓蘋果重回正軌，先做了哪些事情？不是開發 iPod，不是 iTunes，不是 iPhone，也不是 iPad，而是先加強紀律。沒錯，因為如果缺乏紀律，根本不可能完成創造性的工作。他延攬世界級的供應鏈專家庫克（Tim Cook）加入蘋果，兩人的合作形成創造力與紀律陰陽互補的完美組合。他們削減額外津貼，終止員工休長假的經費，提升營運效率，降低整體成本結構，讓員工專注於「日以繼夜工作」的打拚精神上，這是蘋果公司早期的重要特色。管銷成本下降，現金對流動負債比加倍，後來更提高到三倍。從一九九八到九九年，長期負債縮減了三分之二，負債總額對股東權益比率降低一半以上。現在你或許會想：「突破性的創新自然會導致財務情況改善。」但事實上，蘋果乃是在推出 iPod、iTunes、iPhone 之前就達到這些成果。任何事情如果不能協助蘋果重新創造出顧客熱愛的偉大產品，就會被無情地丟棄、削減或終止。

賈伯斯發射的第一顆子彈

那麼蘋果第一個投入開發的產品是什麼呢？他們回頭重拾十多年前賈伯斯協助創造、仍具非凡價值的產品：麥金塔個人電腦（Macintosh）。於是蘋果公司相繼推出 PowerMac、PowerBook、iMac。賈伯斯並沒有忙著追逐下一波偉大創新，而是先讓既有的重要產品發揮最大價值。

然後，在賈伯斯回到蘋果整整四年後，才發射第一顆實證後的小子彈。就在蘋果把焦點放在麥金塔電腦時，蘋果牆外的世界發生一些變化：Napster 網站的音樂檔案分享和MP3數位音樂播放器風行一時。賈伯斯告訴《財星》雜誌的史蘭德（Brent Schlender），他「覺得自己像笨蛋」，竟然對 Napster 網站、數位音樂檔案分享技術和MP3播放器的興起毫無警覺。「我想我們已經錯過了這波新發展，必須努力工作，才能迎頭趕上。」

想想看，當蘋果開始研發 iPod，已經有多少經過驗證的事實擺在賈伯斯面前。年輕人樂於分享音樂；有了MP3播放器，他們可以帶著喜歡的音樂四處走；MP3播放器容量有限；蘋果擁有非凡的能力，能讓科技變得更友善、更易親近；麥金塔電腦如果能結合酷炫的MP3播放器，將會進一步擴展麥金塔的用途；蘋果員工都想擁有酷炫的MP3播放器和自己的音樂收藏庫；打造更棒的MP3播放器所需的技術大都已存在（例如東芝的小型硬碟機、索尼的袖珍電池、德州儀器的 FireWire 介面、PortalPlayer 的MP3硬體藍圖）。

因此蘋果公司設計出可以與麥金塔搭配的MP3播放器，並提供支援軟體，但這還不算是蘋果的大躍進。蘋果公司似乎沒有把 iPod 視為重要的新產品項目，只當做現有產品的延伸。他們在二〇〇一年公司年報中，只形容 iPod 是以麥金塔個人電腦為基礎的「蘋果數位中樞策略重要而自然的延伸」，還不算革命性的突破；只不過是既有策略在演化過程中向前跨出的一步。二〇〇二年，iPod 在蘋果整體產品組合中仍然只占小部分，不到淨銷售額的三%，在蘋果財務報表中不列為單獨計算的項目，公司年報在說明業務狀況時，也不會在第一段就提及這個產品。iPod 是很酷的子彈，但畢竟只是子彈罷了。

不過，蘋果累積了愈來愈多的實證經驗。iPod 深深擄獲人心；顧客也很喜歡為麥金塔設計的 iTunes 應用程式；iPod 銷售額在一年內成長了一倍；非法下載的音樂數量激增，音樂產業面臨嚴峻挑戰；蘋果員工希望能有個輕鬆簡單的方式讓他們正大光明下載音樂。

於是，蘋果公司踏出第二步，推出線上音樂商店，並且和音樂產業達成協議，以每首歌九毛九美元的價格供顧客下載。這個模式也成功了，因此蘋果又有更多的實證依據。如果能輕鬆上手，而且價格合理，全世界有數百萬人寧可光明正大地購買音樂，而不要偷偷下載；人們渴望採用 Windows 作業系統的個人電腦上也有 iTunes；而全世界有超過十億部個人電腦安裝了 Windows 作業系統。

最後，根據所有這些實際經驗和證據，蘋果終於發射砲彈，為非麥金塔系列的電腦推出 iTunes 和 iPod，立刻讓潛在市場規模竄升將近二十倍。「iPod 不是新的產品項目，」賈伯斯表示：「這不是投機市場……所以並不是好像在說，我們打算創造什麼資訊產品或科技新玩意兒，希望會有市場。」蘋果公司並沒有就此停下腳步，而是繼續加上一個個新功能，讓這個劃時代的產品發揮最大的價值：iPod Mini、iPod Click Wheel、iPod Photo、iPod 30GB、iPod 60GB、iPod 80GB、iPod Shuffle、iPod Nano，再加上 iTunes 商店提供的各種電影、影片、圖書和電視節目，iPod 銷售量三年內逐漸超越麥金塔電腦。

iPod 的故事說明了一個關鍵重點：回頭來看，成功的重大冒險或許看起來像是一次創造性的突破，但其實成功的產品乃是經歷了實證為依據、一步步反覆調整改進的過程，而不是單靠高瞻遠矚的天才就能成事。與其說 iPod 是重大的突破性創新，不如說狂熱的紀律加上以實證為依據的創造力，更能充分說明蘋果何以能重返榮耀。

就賈伯斯本身而言，也是如此。一九八五年，賈伯斯被自己一手創立的蘋果公司趕出去，在科技荒野中流浪了一陣子。但他從未停止自我發展，仍然不斷學習、成長，督促自己進步。他原本大可倚靠龐大的財富，享受逍遙的退休生活。但他反而創辦了一家叫 NeXT 的新公司，致力於開發新的作業系統，並且參與動畫公司皮克斯（Pixar）的經營。賈伯斯在離開蘋果的十二年中，讓自己脫胎換骨，從一個創意十足的創業家，轉變為有紀律、有創造力的企業建構者。賈伯斯一向很擅長打造偉大的產品，但他必須學習如何建構一家非凡的卓越企業。

狂熱的紀律與以實證為依據的創造力其實是一體的兩面，要追求十倍勝並達到恆久卓越，兩者都很重要。不過這樣還不夠，因為如果你被淘汰出局，所有的紀律和創造力就毫無用武之地。一九九〇年代中期，蘋果公司差點就消失不見，因為當時蘋果節節敗退，士氣低迷，高層慎重考慮把公司賣掉。後來因為董事會和潛在買家談不攏而暫緩執行，不久之後，賈伯斯就重返蘋果。如果當時蘋果遭到收購，或許就不會有 iMac、iPhone、iPod、iPad 這些產品了。

要追求卓越，必須能夠如邱吉爾般不屈不撓，同時能忍受驚人的挫敗、厄運、災難、混亂和崩裂，仍然堅忍不拔。在平穩安定、容易預測的世界裡，靠狂熱的紀律和以實證為依據的創造力來領導，或許已經足夠，但是在不確定、不穩定的世界裡，領導人還需要具備建設性的偏執心態，這也是下一章的主題。

本章摘要

先射子彈，再射砲彈

重點

- 「先射子彈，再射砲彈」的做法比起大躍進式的創新或預測未來的天分，都更能充分說明十倍勝公司成功的原因。
- 所謂「子彈」，就是低成本、低風險、低干擾的測試或實驗。十倍勝公司利用子彈來驗證哪些做法實際行得通，再以實證為依據，集中資源，發射砲彈，獲得龐大回收。

- 我們研究的十倍勝公司都發射過許多沒打中任何東西的子彈。他們事先無從得知哪個子彈會正中目標或成功。
- 砲彈有兩種：校準過的砲彈和未校準的砲彈。校準過的砲彈經過實際驗證，因此押下龐大賭注，有可能成功；發射未校準的砲彈則等於沒有任何實證基礎就盲目下注。
- 未校準的砲彈可能帶來災難。當我們研究的公司在發射未校準的砲彈時，如果不巧碰上破壞性的大事件，往往付出極大代價，暴露在風險中。對照公司比十倍勝公司更可能發射未校準的砲彈。
- 十倍勝公司偶爾也會犯錯，貿然發射未校準的砲彈，但他們通常很快自我修正。相反的，對照公司比較有可能藉著發射另一顆未經校準的砲彈來彌補錯誤，結果令問題更趨複雜。
- 經過校準的砲彈卻沒發射，結果通常不太好。重點不在於究竟要選擇子彈還是砲彈，而是必須先射子彈，再射砲彈。
- 企業在收購時，如果能依循低成本、低風險、低干擾的原則，那麼收購的行動可能是子彈。

- 最困難的工作是結合創造力和紀律，既不能讓紀律抑制創造力，也不能讓創造力腐蝕紀律。

意外的發現

- 十倍勝公司不見得比對照公司更能創新。在有些對照組，證據顯示十倍勝公司的創新力還不如對照公司。
- 我們的結論是，每個環境都有自己的創新門檻，也就是在賽局中競爭必備的最低創新水準。某些產業的創新門檻很低，某些產業的門檻很高。不過一旦超越了創新門檻，創新力高低似乎就沒有那麼重要。
- 十倍勝公司並不會比對照公司更能預測即將發生的變化。他們不是高瞻遠矚的天才，而是實證主義者。
- 從英特爾到西南航空，從安進的早期發展到蘋果在賈伯斯領導下的重生，我們發現，結合創造力與紀律，並將之轉化為前後一致、循序漸進的創新能力，要比靠一次重大突破一舉成功的神話，更能說明許多偉大企業的成功故事。

關鍵問題

● 你最需要增加以下哪種行為？

1. 發射充足的子彈。
2. 抗拒誘惑，不要發射未校準的砲彈。
3. 一旦有了實證基礎，就要許下承諾，把子彈轉換成砲彈，發射出去。

第五章

超越死亡線

十倍勝領導人知道自己無法準確預測未來，
所以必須及早為無法預測的意外狀況做好充分準備，
他們會壓低風險、管理風險和避開風險。

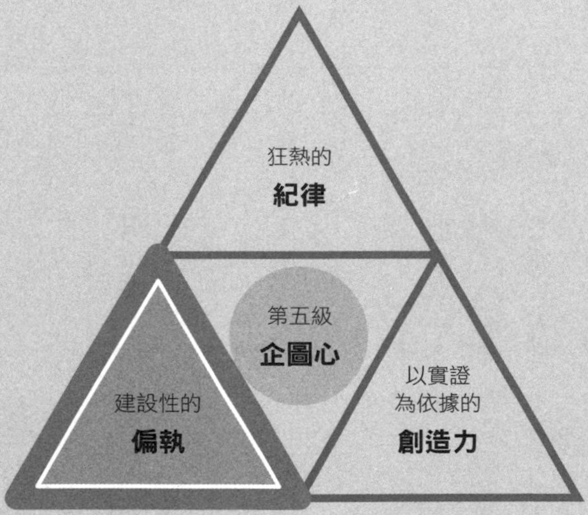

「有生命的地方，就有危險。」

——愛默生（Ralph Waldo Emerson）

一九九六年五月八日早晨，布里薛斯（David Breashears）在珠穆朗瑪峰冰封的斜坡上，從兩萬四千五百呎高的三號營地往下望，他和隊友準備展開大作戰，扛著四十二磅重的IMAX攝影機從南線攻頂。他們正在製作史上第一部從地球最高點拍攝的IMAX電影。

但等到布里薛斯望見三千呎以下的景象，立刻心生警惕。五十多名登山客剛從下面的第二號營地出發，成群登山客在冰河上辛苦跋涉，往布里薛斯和隊友所在的地方攀登。有些登山客是老練的登山嚮導費雪（Scott Fischer）和霍爾（Rob Hall）的客戶，在他們的帶領下攀登世界最高峰。當天布里薛斯的登山隊已經太晚出發，他們睡眠不足，前一晚帳篷遭強風吹垮，令他們忐忑不安。

布里薛斯停下來思考：萬一他們因為持續的強風或暴風雪延誤了行程，以致被下面一大群登山客趁機趕上呢？萬一布里薛斯正打算拍攝峰頂時，卻有一群登山客擠在小小的尖峰上呢？此外，攻頂之前會經過「希拉瑞之階」（Hillary Step），每次只有一名登山客可以攀著固定繩索通過，萬一到時候幾十名登山客都擠在這裡、形成瓶頸呢？萬一太多登山客同時攀附繩索，以致繩索負荷過重、固定錨破冰而出呢？萬一前晚的強風其實是在預告天氣即將起變化呢？萬一風暴突然來襲、橫掃而過，令高山上的登山客陷入險境、遇上厄運呢？萬一就在他們急需趕路下山時，偏偏遇上一臉茫然、缺乏經驗又精疲力盡的登山客擋住去路呢？

布里薛斯的登山隊網羅了全球頂尖的影片攝製人才，於是他和極為信賴的夥伴魏斯特（Ed Viesturs）及索爾（Robert Schauer）商量。大家都同意，情況看來不妙，他們決定把裝備留在第三號營地，掉頭先下山去，等過幾天登山客都離去後再回來拍攝。

布里薛斯在下山途中，碰到體型高大、充滿自信、一身紅衣的嚮導霍爾，他指揮若定地領著由登山嚮導和客戶組成的隊伍，井然有序地緩緩往上爬。這時候天氣變得頗為宜人，風和日麗，布里薛斯感覺到一絲懊悔，霍爾看到布里薛斯居然在這麼棒的天氣往回走，似乎很驚訝。布里薛斯很快經過他們身邊，往較低營地走去。沒多久，又碰到另外一位嚮導費雪，滿頭亂髮、精力充沛的費雪臉上總是帶著孩子氣的開心笑容。熱愛高山的費雪和霍爾一樣，質疑布里薛斯下山的決定，布里薛斯和費雪提到昨夜的強風、對天氣變化的疑慮，還有他覺得登山路徑變得太擁擠了。費雪聽完，臉上綻放令人安心的笑容，依然抱著一貫的樂觀，決定繼續往上爬，好好享受在好天氣中登山的樂趣。

布里薛斯再度見到霍爾和費雪，已是十五天後的事。他成功登上珠穆朗瑪峰拍攝 IMAX 影片，在攻頂途中見到已在高山上凍死的霍爾和費雪，那是珠穆朗瑪峰登山史上最嚴重的山難，二十四小時內有八名登山客命喪黃泉。

決策的關鍵時刻

許多人都透過克拉庫爾（Jon Krakauer）的著作《巔峰》（*Into Thin Air*），而得知一九九六年珠穆朗瑪峰山難的故事。如果你沒讀過這本書，務必要讀一讀。同時也別漏掉布里薛斯的著作《八千米高地平線》（*High Exposure*）。在這個例子裡，和亞孟森及史考特的故事一樣，我們有兩個可以相互對照的案例：兩組登山隊在同一天攀登同一座高山，領導人都身負重任，也承擔了很大的商業壓力（一人向客戶收取了大筆嚮導費，必須帶著客戶攻頂，另一人則必須完成耗資數百萬美元的影片），兩個人都有非常豐富的登山經驗，然而其中只有一人能領導團隊邁向十倍勝的成功，達成不可思議的艱難目標（在珠穆朗瑪峰峰頂拍攝IMAX電影），還得讓每一名隊員都安全回家。

我們很容易把重心放在他們當天在山上的關鍵決定。出於審慎，布里薛斯在五月八日決定下山，此舉可能挽救了整個探險行動，甚至挽救了所有工作人員的性命。而霍爾在應該掉頭下山的時刻，決定繼續等候其中一位客戶漢森（Doug Hansen）攻頂，不顧原本的進度安排，不只晚了幾分鐘，而是晚了幾小時（登山隊通常會事先設定回頭的時間，並承諾無論能否成功攻頂，到了時間都要踏上回程，才會有較充裕的時間，趁天還沒黑，安全下山）。

但是單單把焦點放在這兩個決策的關鍵時刻，其實模糊了我們真正的觀點，對整個事件的理解也因此受限。事實上，早在登山隊還沒抵達山區之前幾個月，當布里薛斯還坐在波士頓籌備這次旅程時，就已經做了最重要的決定。

布里薛斯的登山隊購買了超過單次攻頂行動所需的氧氣筒，也準備了足以在珠穆朗瑪峰多待三個星期的大量補給品。布里薛斯在五月八日之所以掉轉回頭，是因為他儲備的物資非常充裕，可以先行下山，等天氣好轉才再度攻頂。反之，霍爾的登山隊攜帶的氧氣筒只夠一次攻頂之用。一旦出發，就只有一次成功機會，不是孤注一擲，就是什麼都沒有，沒辦法選擇先下山，擇日再來攻頂。於是在高山上，當原定的下山時間已到，他們在關鍵時刻決定破壞原本的協定，結果卻讓自己暴露在迅速來襲的風暴和逐漸逼近的黑暗中。當風暴來襲時，布里薛斯很有義氣地把儲存在高山上的半數氧氣筒供救援隊使用，不惜以耗資數百萬美元的拍攝計畫為代價，幫忙挽救其他登山客的性命。即使如此，在悲劇發生後兩個星期，他還可以組合剩餘資源，重新整隊出發，帶著IMAX機器攀上巔峰。

布里薛斯攀登高峰的方式是本章觀念的最佳範例，說明十倍勝領導人如何仰賴建設性偏執來領導公司。我們研究的十倍勝領導人總是假定情勢可能發生突如其來的劇烈變化，他們對於變動的環境非常敏感，不斷問「萬一？」。由於他們未雨綢繆，儲備必要資源，「不理性」地擴大安全邊際，壓低風險，無論順境逆境都堅守紀律，以堅強實力和靈活彈性因應環境的混亂與變動。他們深深理解，唯有設法在犯錯後仍存活下來，才能從錯誤中學到教訓。

圖5-1說明了上述觀念。上升曲線代表「十倍勝旅程」，穿越平滑曲線、高低起伏劇烈的線條則代表旅程中碰到的「好事」和「壞事」。請注意橫越圖形底部、標明「死亡線」的直線。「觸及死亡線」意謂著企業不是直接斃命就是身受重傷，無法繼續朝著卓越公司的境界邁進。概念很簡單：一旦觸及死亡線，旅程就結束，沒戲唱了！

我們的研究曾探討企業領導人如何秉持建設性的偏執，打造卓越企業，本章將根據研究的發現，說明三個核心做法：

圖 5-1　十倍勝旅程與死亡線

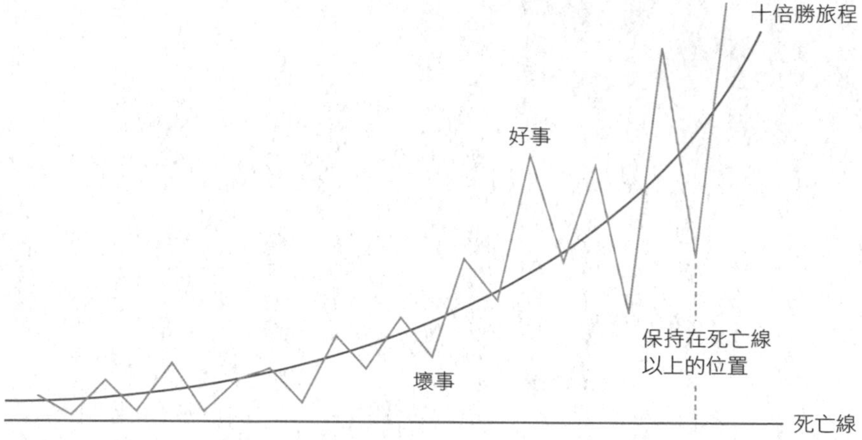

建設性偏執一：儲備現金，建立緩衝（準備額外的氧氣筒），未雨綢繆，預防厄運臨頭，因應突發狀況。

建設性偏執二：壓低風險（包括死亡線風險、非對稱風險和無法控制的風險），並管理時間風險。

建設性偏執三：將鏡頭先拉遠（宏觀），再推近（微觀）。從不同視角觀察環境變動，保持高度警覺，並有效因應變化。

建設性偏執一：風暴來襲前，準備好額外的氧氣筒

不妨把英特爾公司看成布里薛斯，在微電子產業打造卓越公司，就像扛著IMAX攝影機攀登珠穆朗瑪峰，現金儲備和保守的資產負債表是氧氣筒和其他物資。一九九〇年代後期，英特爾的現金部位高漲，已經超過百億美元，達到每年營業額的四〇%（而超微的現金占營收比還不到二五%）。九五%的時候，企業手上握有這麼多現金或許顯得不夠理性，也缺乏效率，但英特爾領導人擔憂的是只占五%機率的情況，也就是整個半導體業都面臨危機或公司遭到意外打擊的時候。在這些必然發生的罕見情況下，英特爾仍然不屈不撓地以日行二十哩的步伐穩定前進，繼續創造和發明，也努力成為恆久卓越的長青公司。

財務理論指出，企業領導人不能充分運用企業資金，反而拚命囤積現金，是不負責任的行為。在安全穩定且可預測的環境裡，這個理論或許言之成理，但是今天我們面對的是不穩定、不安全、不可測的世界，而且這個世界永遠不可能變得安全穩定、可以預測。

我們系統化分析了十倍勝公司和對照公司共三百個年度的資產負債表，找到有力的證據，足以證明十倍勝公司都準備了大量多餘的氧氣筒。《財務金融經濟學期刊》（*Journal of Financial Economics*）分析了八萬七千一百一十七家公司的現金資產比值，結果我們研究的十倍勝公司現金資產比值，是這些公司的現金資產比值中數的三到十倍。所以，談到建立財務緩衝機制和突發狀況減震器時，這些十倍勝公司領導人簡直就是偏執狂，是神經兮兮的怪胎！這不僅僅是產業效應！比較十倍勝公司和對照公司的數據，我們發現十倍勝公司在管理資產負債表時，比對照公司保守多了；有八成的時間，十倍勝公司的現金資產比值和現金負債比值都高於對照公司（請參見附錄G）。

我們很好奇，十倍勝公司在發展過程中，從草創時期還是小公司的時候，到後來成為不斷滾出大量現金的成功企業，是否始終如一地堅持審慎的財務紀律。當我們以相同方式分析這些公司股票剛上市頭五年的情況，我們發現他們已呈現同樣的型態，也就是說，和對照公司相較，十倍勝公司在財務上更加審慎。英特爾一九九〇年代保守的現金部位，其實只是延續了英特爾和其他十倍勝公司領導人在草創期的建設性偏執心態。

十倍勝領導人就像布里薛斯和亞孟森，從創業初期就培養起建立緩衝機制和減震器的習慣，為「黑天鵝」事件預做準備。作家兼金融專家塔雷伯（Nassim Nicholas Taleb）提出的黑天鵝概念，是指發生機率極低、難以預測的巨大衝擊。幾乎沒人能預見某個黑天鵝事件即將發生，即使是十倍勝公司都辦不到，但我們可以預見未來一定會發生黑天鵝事件，只是不知道會是什麼樣的事件罷了。換句話說，任何特定的黑天鵝事件發生的機率或許小於一%，但我們幾乎可以百分之百確定，一定會發生某個黑天鵝事件，只是不知道會是什麼事件，以及何時會發生。這是塔雷伯的重要貢獻，所有十倍勝公司都應該學習他的洞見。十倍勝公司總是為他們無法預知的情況預做準備，在遭遇黑天鵝之前，先儲存大量的備用氧氣筒（擴大安全邊際），並增加可以選擇的方案，就像布里薛斯在攀登珠穆朗瑪峰之前的做法一樣。

十倍勝公司即使在一帆風順時，仍然保持建設性的偏執心態，因為他們知道，最重要的是在風暴來襲前預做準備。由於沒人能準確預測何時會發生巨大的衝擊事件，因此，他們有系統地建立因應突發事件的緩衝機制和減震器，在暴風雨來襲前就準備好額外的氧氣筒。

凱勒赫曾在一九九一年說明西南航空為何一直維持極端保守的資產負債表：「只要我們不要忘了西南航空之所以能熬過經濟危機、繼續成長茁壯所憑藉的優勢；只要我們牢記這類危機必定會一再發生；只要我們絕不因自私、短視或小氣而愚蠢地喪失基本優勢，我們就會屹立不搖；我們就會繼續成長；我們就會一直欣欣向榮。」

在他寫下這段話十年後，在二〇〇一年九月十一日那天，全世界都同時目睹了恐怖攻擊事件。九一一事件剛發生時，其他大型航空公司都縮減營運規模，但西南航空沒有裁掉任何一份工作，也沒有減少任何一個班次。一旦美國政府解除民航班機飛行禁令，西南航空就立刻按照完整班表飛行（儘管一開始班機只有半滿）。西南航空在二〇〇一年仍然獲利（甚至二〇〇一年第四季都不例外），也是所有大型航空公司中唯一在二〇〇二年獲利的公司。西南航空在這段期間繼續將服務延伸到更多城市，提高市占率，而且令人震驚的是，他們的股價在二〇〇一年第四季仍然上漲。到了二〇〇二年底，西南航空公司的市值已超越其他美國大型航空公司的總和。

儘管碰到「九一一事件的毀滅性打擊」，西南航空仍然交出如此耀眼的成績單，原因是，套用西南航空二〇〇一年公司年報的話：「我們的理念是在景氣好的時候要好好經營，一旦時機變差，才能繼續表現良好，結果這是很好的預防措施。」九月十一日那天，西南航空手中掌握了十億美元的現金，是民航業信用評等最高的公司。此外，西南航空的平均座位里程成本也最低，這是靠三十年來無論景氣好壞都毫不懈怠的紀律達到的成果。早在九一一事件之前，西南航空的危機處理計畫和財務應變工具早已就緒，而且在他們三十年來塑造的企業文化中，員工都具備狂熱、關懷、無畏的特質，培養出互惠的「我們會互相照顧」的堅韌關係。如果不是在九一一之前早已建立起這樣的文化和關係，當恐怖攻擊發生時，西南航空可能像其他航空公司一樣脆弱，損傷慘重。

凱勒赫在描述西南航空因應九一一事件的做法時，完全沒有自吹自擂。在描述美國政府開放天空後，西南航空的員工如何團結起來，同心協力面對挑戰，設法讓班機順利飛上天空時，他哽咽得幾乎說不出話來。你可以攻擊我們，但無法打敗我們；你可以企圖毀掉我們的自由，但只會令我們更堅強；你可以製造恐怖，但我們不會被嚇怕。我們仍然會飛上青天！

如果你們已有一套打造卓越公司的做法，而且能秉持嚴謹的紀律持續實踐這套做法，那麼當環境變得動盪不安時，你們就能超越競爭對手。產業或總體經濟面臨巨大衝擊時，企業的命運不外乎以下三類：領先群、落後群，或乾脆被淘汰出局，關門大吉。你們究竟會落在哪裡，不是由衝擊力道來決定，自己的命運要靠自己掌握。

建設性偏執二：壓低風險

我們很好奇，十倍勝公司之所以特別成功，是否純粹因為他們願意承擔更高的風險。也許十倍勝公司只不過是高風險、高報酬遊戲中的贏家，純粹運氣好，在大膽冒險之後，獲得豐厚報酬罷了。但我們愈深入研究，愈發現十倍勝公司的領導風格似乎反而更保守、更注重避險。他們秉持二十哩行軍的原則，控制成長速度。他們在發射大砲之前，必定先發射子彈。他們在財務上採取謹慎作風，會額外囤積氧氣筒。看到累積的證據，我們感到十分震驚，決定採取更系統化的分析方式，來回答下面的問題：「和對照公司相較，十倍勝公司究竟願意承擔更多風險，還是比較不願冒險？」

為了探討這個問題，我們先界定三個與企業領導相關的主要風險項目：死亡風險、非對稱風險和不可控的風險（請參見附錄H）。死亡風險是指可能毀掉企業或嚴重傷害企業的風險。非對稱風險是指潛在的負面效應遠大於帶來的好處。面臨不可控的風險時，無法掌控的事件或外力很容易對企業帶來巨大衝擊。企業的任何決策或所面對的情勢，可能都牽涉到不止一種風險型態，不同的風險可能同時出現。

珠穆朗瑪峰的故事正好說明了這三類風險。霍爾一旦決定放棄下午兩點鐘踏上回程的原訂時間表，協助客戶攻頂，就大大增加了天黑之後還被困在高山上、氧氣也耗盡的風險；也就是說，他毫無必要地承擔了死亡風險。反之，布里薛斯面對了困難的抉擇：當他率隊再次攀登珠穆朗瑪峰時，要不要讓一位快走不動的日本隊友最後嘗試攻頂？考量她多年來投入的心力和接受的訓練，這會是令人心碎的決定，但布里薛斯仍然決定保持適當的安全邊際，不讓她攻頂。

霍爾決定只攜帶一次攻頂所需的氧氣筒，是冒著非對稱風險。氧氣筒很重，價錢也不便宜，但攻頂失敗的代價更高，喪失寶貴的生命更是承擔不起的昂貴代價。反之，布里薛斯認為，儘管額外儲存備用氧氣筒所費不貲，但限制氧氣筒數目的壞處更大。

布里薛斯也避開不可控的風險。他在一九九六年五月八日那天體察到，大量登山客可能令情勢變得難以掌控。他們可能在「希拉瑞之階」形成危險的瓶頸。登山客全擠在峰頂，可能會破壞布里薛斯想拍攝的畫面。布里薛斯的團隊也可能因為其他登山隊阻擋了去路，而在風暴來襲時還被困在高山上。於是，他選擇避開不可控的風險，五月八日先下山再說。

我們在研究時，廣泛分析了十倍勝公司和對照公司的歷史，結果發現十倍勝公司的行為模式比較像布里薛斯，願意承受的死亡風險、非對稱風險和不可控的風險都低於對照公司。表5-1和圖5-2顯示了分析結果。

> 簡言之，我們發現十倍勝公司冒的風險比對照公司低。當然，十倍勝公司的領導人也會承擔風險，但是和處於相同環境的對照公司相較，他們會壓低風險、管理風險和避開風險。十倍勝領導人痛恨死亡風險，避免非對稱風險，更極力躲開不可控的風險。

做完上述風險分析後，我們知道還有一個很重要的風險項目，即必須把時間風險納入考量；也就是說，當風險程度和事件演變速度與決策和行動速度都息息相關時。假如龍捲風正橫掃大平原，朝著你們席捲而至，你面臨多大風險完全要看你能否及時發現龍捲風，並且當

表 5-1　風險比較：十倍勝公司 vs. 對照公司

決策型態	十倍勝公司	對照公司
分析的決策數	59	55
涉及死亡風險的決策	占決策的 10%	占決策的 36%
涉及非對稱風險的決策	占決策的 15%	占決策的 36%
涉及不可控風險的決策	占決策的 42%	占決策的 73%
被歸類為低風險的決策 *	占決策的 56%	占決策的 22%
被歸類為中風險的決策 *	占決策的 22%	占決策的 35%
被歸類為高風險的決策 *	占決策的 22%	占決策的 43%

* 低風險＝沒有死亡風險，沒有非對稱風險，沒有無法控制的風險。
中風險＝沒有死亡風險，但有非對稱風險或不可控的風險。
高風險＝有死亡風險，並有／或有非對稱風險和不可控的風險。

圖 5-2　比起對照公司，十倍勝公司冒的風險較低

不同風險型態的平均數目

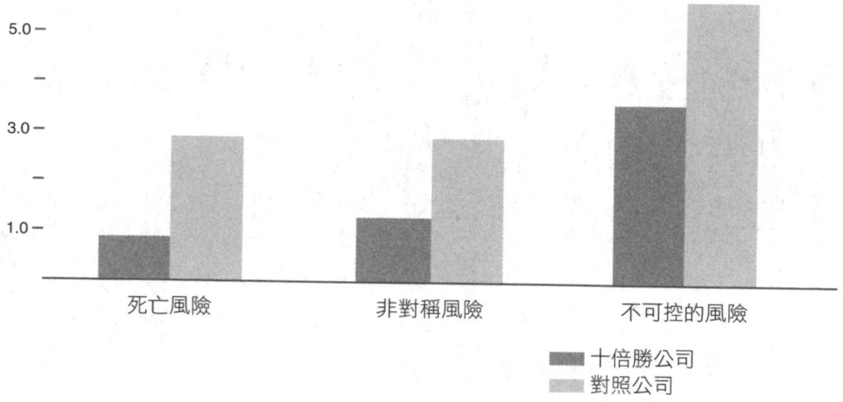

表 5-2　速度與結果

與成功的結果相關的行為	與不成功的結果相關的行為
高度戒慎恐懼，經常擔心可能帶來危險的變化；能及早察覺潛在的威脅。	傲慢；輕忽變化可能帶來的巨大影響；遲遲未能察覺威脅的存在。
能因應事件變化的速度調整決策步調——「可以放慢腳步時，就放慢腳步；必須加快速度時，就快馬加鞭。」	無法因應事件變化速度，調整決策步調的快慢，有時決策太慢，有時又太快做決定了。
決策時深思熟慮，以事實為依據；無論決策速度多快，都是有紀律的思考。	決策缺乏狂熱的紀律與嚴謹的策略性思考，只是被動反應和在一時衝動下的倉促決定。
一旦做了決定，就把焦點放在卓越的執行力；加緊督促在期限內完成，但力求成果達到卓越水準，絕不放寬標準。	為了加速執行決策而放寬標準；在加快腳步時，沒能密切監督，確保執行成果達到卓越水準。

機立斷，在龍捲風來襲前就躲進避難處。由於我們的假設是，環境動盪不安，企業面對許多我們無法預測、難以控制的快速巨變，說不定對照公司在面對即將發生的風險和變故時，由於反應太慢而遭受重擊，十倍勝公司卻能快速行動，因此大大降低了風險。

為了檢驗這個假設，我們從十倍勝公司和對照公司的發展歷程中，找出一百一十五個與反應速度密切相關的事件（請參見附錄I），並檢視最後結果好壞與察覺變故的速度（企業能否及早體認到事件的重要性，還是遲遲沒發現）、決策速度和執行速度的關聯性。表5-2扼要說明了我們從中學到的事情。

正如表格內容顯示，我們的結論是「一味加快速度」不見得是最好的做法，能及早體察變動和威脅，然後利用手中可以掌握的時間（無論時間長短），秉持嚴謹的紀律審慎決策，達到的效果往往比倉促做了一堆決策好得多。關鍵問題不在於：「我們應該趕快採取行動，還是慢一點也無妨？」而是「在我們的風險圖像改變之前，還剩多少時間？」

還記得我們在第二章曾談到葛洛夫面對癌症診斷的反應嗎？他沒有急忙採取行動，因為他體認到面對的風險不會在幾個星期內改變。也許會在幾個月或幾年內起變化，但不是幾個星期。於是，他利用手中掌握的時間，審慎研擬抗癌計畫，思考了各式各樣的可能性，自己畫圖表分析數據。葛洛夫絕非不關心自己的病情，然而他沒有倉促反應、匆匆做決定。葛洛夫認為，沒有仔細思考自己的情況和可能的選擇就急著進開刀房動手術，風險反而更大。

有時候，反應太快徒增風險。有時候，反應太慢則風險更大。關鍵問題是：「在風險圖像改變之前還剩多少時間？」你還有多少時間可以採取行動、因應變局？只有幾秒鐘嗎？還是幾分鐘？幾小時？幾天？幾星期？幾個月？幾年？甚至幾十年？最困難的不是回答這個問題，而是知道應該先問這個問題。

十倍勝公司的經營團隊通常在風險圖像還在緩慢改變時，先花一些時間靜觀其變；不過他們同時也做好準備，萬一風險圖像變化的速度愈來愈快就迅速因應。

史賽克公司在一九九〇年代中期之前，一直密切注意遠方逐漸醞釀成形的風暴，在一九八九年的公司年報中指出，如果美國的醫療照護支出上漲，超過國民生產毛額的一五%，就會不利競爭；於是可能導致成本反彈，迫使史賽克的醫療器材降價。於是史賽克預先儲存大量備用的氧氣筒（提高資產負債表上的現金），以因應任何可能出現的衝擊（請參見圖5-3及表5-3）。不過，布朗並沒有早早採取行動，而是先靜觀其變，做好充分準備，等時機到了再快速行動。

到了一九九〇年代末，美國醫院為了集中購買力，紛紛形成聯合採購集團，史賽克的風險圖像因此快速改變。這些集團比較喜歡和少數幾家市場龍頭談生意，情勢所逼，醫療器材業不得不快速展開一連串購併與整合。醫療器材公司面對的選擇很清楚：如果不能擴大規模、成為市場要角，就可能被淘汰出局。這時史賽克才發動攻勢，買下 Howmedica 公司，確保史賽克能繼續名列前茅，穩居市場前三大。

建設性的偏執者總是希望能預見潛在的危險，對於可能發生的衝擊保持高度警覺，但這不表示你純粹為了消除自己的焦慮和不確定感，就要立刻採取行動。

在我們的管理實驗室中，我們注意到新興市場的領導人在面對不確定的情勢時，往往非常冷靜，當風險圖像還算穩定時，願意先等一等，看看事情如何發展。二〇〇八到〇九年的金融海嘯期間，我們和幾位新興市場最成功的企業領導人一起合作，我們注意到他們在面對天崩地裂的大變動時，仍然泰然自若。其中有一位白手起家的拉丁美洲企業家，過去在極端不確定的環境中成功脫穎而出，他形容這種懂得暫停一下、靜觀其變的能力：「當然，想消除這種不確定感是人類天性。但你很容易因而倉促決定，有時候決定得太快、太匆忙了。在

圖 5-3　史賽克：未雨綢繆

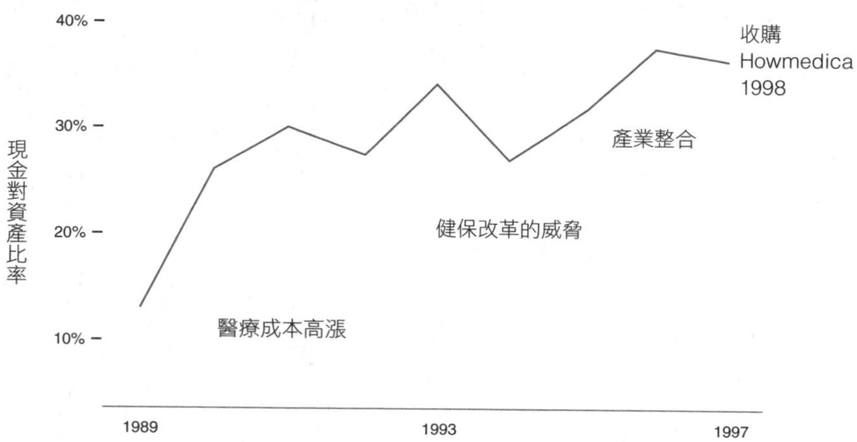

表 5-3　速度與結果：史賽克、醫療成本、產業變動

與成功的結果相關的行為	史賽克的做法
高度戒慎恐懼，經常擔心可能帶來危險的變化；能及早察覺潛在的威脅。	1980 年代，史賽克就意識到醫療成本日益高漲可能帶來的問題，擔心醫療器材業可能遭受巨大衝擊。
能因應事件變化的速度調整決策步調——「可以放慢腳步時，就放慢腳步；必須加快速度時，就快馬加鞭。」	1980 和 90 年代初期，史賽克沒有採取任何戲劇性的行動，只是思考各種選擇方案，並儲備大量現金。
決策時深思熟慮，以事實為依據；無論決策速度多快，都是有紀律的思考。	到了 1990 年代末，美國醫院聯合採購已經是大勢所趨，迫使醫療器材業加速整合。史賽克經過有紀律的思考，決定收購 Howmedica。
一旦做了決定，就把焦點放在卓越的執行力；加緊督促在期限內完成，但力求成果達到卓越水準，絕不放寬標準。	從 1998 到 99 年，史賽克的團隊幾乎不眠不休努力工作，成功將 Howmedica 整合到史賽克的系統中。

我的家鄉，你很快就明白，無論你做了什麼決定或採取什麼行動，仍要面對種種不確定，它不會消失。所以，如果還有時間看看事情怎麼發展，在採取行動前釐清狀況，我們就會先花點時間靜觀其變。當然，到了該行動的時候，你必須已經做好充分準備，可以隨時出擊。」

最危險的迷思之一就是誤認愈快愈好，以為動作快的人一定會打敗動作慢的人，如果反應不夠快，只有死路一條。

建設性偏執三：鏡頭先拉遠，再推近

西蒙斯（Daniel J. Simons）和夏布利斯（Christopher F. Chabris）曾做過一個著名實驗，請實驗對象觀賞一支影片，影片中有一群人正在互相傳球，實驗對象必須數一數他們總共傳了幾球。但影片播放到一半時，畫面中突然出現一個人，裝扮成大猩猩的模樣，走到正在傳球的這群人中間，搥一搥胸膛，然後又走出球場。然而由於實驗對象都太專心在數傳球數，只有一半的人注意到大猩猩。

我們大部分時間都在處理眼前的計畫和活動，一一完成待辦事項，檢查大型計畫的進度，應付各種需要花時間處理的事情，因此很容易就沒看到眼前的大猩猩。十倍勝領導人就不會忽略大猩猩，尤其當大猩猩會形成危險、造成威脅時更是如此。布里薛斯原本注意力的焦點完全放在如何帶著 IMAX 攝影機到珠穆朗瑪峰頂拍攝，可是當他在一九九六年五月八日從山上往下看時，他看到擁擠的人潮正往這邊移動，他看到了大猩猩。

我們用「鏡頭先拉遠，再推近」來描述建設性偏執的「雙鏡片」基本表現模式。十倍勝領導人一方面專心一志努力達成目標，另一方面，他們對於環境的變動保持高度警覺；他們既會督促員工完美執行決策，也會因應情況變化而調整方向；他們會算一算經過的隘口數目，但同時也會看到突然冒出來的大猩猩。

實際做法則大致如此：

鏡頭先拉遠

體察到情勢正在起變化。

評估時間限制：在風險圖像改變之前，還有多少時間？

進一步精確評估：是否要因應新情勢，擬定應變計畫？如果是的話，該怎麼做？

然後……再推近

把焦點放在完美執行計畫、達成目標上。

請注意，「在風險圖像改變之前，還有多少時間？」是把鏡頭拉遠時要提出的問題。我們在前面提過，十倍勝領導人總是會利用手上可以掌握的時間，拉寬視野看問題，深思熟慮後才反應。當然，在有些情況下，當風險圖像快速轉變，大猩猩已經步步逼近、展開快攻時，十倍勝公司也必須快速行動。即使如此，他們仍避免恐慌性的被動因應，而是以清晰的思路考慮周詳後，才以恰恰好的速度回應。

一九七九年十二月四日，六位英特爾經理人和外部行銷大師麥肯納（Regis McKenna）組成特殊任務小組，放下所有事情，花了整整三天時間密集討論，因為現場工程師巴克豪特（Don Buckhout）寫了一份「語氣尖銳且嚴峻」的報告，分析英特爾八〇八六微處理器與摩托羅拉六八〇〇〇晶片比較下暴露的缺點。摩托羅拉開始在競賽中領先英特爾，說服更多客戶在開發新產品的時候，將摩托羅拉六八〇〇〇納入產品設計中。這個趨勢很可怕，如果大多數客戶都採用摩托羅拉的晶片，那麼摩托羅拉會漸漸站穩腳步，成為業界標準，想要把摩托羅拉拉下馬，就會變得愈來愈困難。英特爾主管戴維度（William H. Davidow）在《高科技行銷》（*Marketing in High Technology*）一書中回顧當時情形：「英特爾會變得愈來愈無人知曉。」

英特爾團隊先把鏡頭拉遠。摩托羅拉為什麼獲勝？這件事有多麼重要？我們要如何反擊？英特爾團隊發展出包含五個重點的競爭定位策略和時間表，把焦點放在英特爾獨特的能力：「英特爾說到做到」，強調英特爾可以提供一代代全系列晶片，讓客戶安心。他們最後提出了聰明的策略報告，反映出他們對英特爾優勢的深刻洞見，以及對客戶憂慮的充分理解。他們根據系統化的分析，發展出粉碎行動（Operation CRUSH）。

然後英特爾再把鏡頭推近。任務小組成立後不到一個星期，就在星期五完成任務，在接下來的星期二，英特爾核准計畫，並撥出幾百萬美元的經費。同一個星期內，一百多位粉碎行動小組成員在聖荷西市的凱悅飯店集會。他們從那裡起步，一年內為英特爾在全球累積了兩千次「設計勝」。英特爾在這場自我描繪的聖戰中逆轉潮流，其中最大的勝利是ＩＢＭ決定未來的個人電腦將採用英特爾微處理器。

雖然面臨快速變動、競爭激烈的毀滅性情勢，英特爾團隊採取深思熟慮的做法，形成聰明而嚴謹的策略。英特爾靠著有紀律的思考，在七天之內擬定粉碎行動方案。面對快速變動的威脅時，十倍勝團隊既不會原地踏步，也不會立刻反應；他們即使在需要快速思考的時候，依然堅持先想清楚再行動。

英特爾曾經鑄下大錯，沒能及早認清摩托羅拉的威脅（即使是十倍勝公司，紀錄也不完美），因此才有這個速成計畫。然而他們一旦認清威脅，就不會因為張皇失措而不加思索匆匆反應，讓情勢變得更糟糕。十倍勝公司在面對可怕事件時，盡量以實證為依據，奉行經過驗證的原則和策略，而不會輕信他人炒作或危言聳聽。面對迅速來襲的威脅時，不見得要放棄有紀律的思考和有紀律的行動。

一九八七年初，安進的執行長拉斯曼說服董事會，針對突破性產品「紅血球生成素」發射砲彈。當時科學研究和試驗都已經完成，產品也準備就緒，時鐘開始滴答作響，必須立刻邁開腳步，採取行動！於是，安進的食品藥物管理局（ＦＤＡ）申請小組把自己變成「西米谷人質」。

起初，小組成員都在辦公室工作，後來他們很快體認到，當前最重要的事情莫過於向ＦＤＡ申請核准新藥，於是他們決定排開一切干擾，其他事情都可以暫緩。他們把影印機和檔案搬到西米谷的汽車旅館，遠離正常生活，日以繼夜地工作，當朋友和同事懸掛黃絲帶向他們致敬時，他們只是微笑以對。他們早上工作，中午短暫休息用餐，下午繼續工作到六點，然後利用晚餐時間稍微休息一下，接著繼續工作到深夜，第二天又重新開始，日復一日，週復一週。終於，他們在九十三天之後，把厚達一萬九千五百七十八頁的文件搬進租來的卡車，開到機場，然後寄給ＦＤＡ。安進總公司的外面懸掛了一張大床單，上面裝飾著無數黃絲帶，宣告：「西米谷人質重獲自由了！」

西米谷人質的生活有很多方面都需要趕上進度。假設你九十三天都沒有清理辦公桌，或重新粉刷車庫，或跑馬拉松，或打高爾夫球，也沒空報帳、回電話、回覆電子郵件、讀報紙，更沒時間休假，或買新房子，或處理任何不是那麼急的事情，不過和搶在對手前面通過新藥審核的機會比起來，這一切都無關緊要了。

西米谷人質明白，大家在這場競賽中都想搶第一，但他們並沒有為了加快速度，犧牲了原本的做事方式和詳細周全的程度，而是發揮超乎尋常的拚勁——我們必須達成任務，而且把事情做對，在這之前，其他事情都不重要！——他們終於以恰好足以領先對手的速度，贏得這場競賽。

相反的，基因科技公司在同樣的關鍵時刻卻無法有同等的表現，因此遭到收購。一九八七年五月二十九日星期五下午，美國馬里蘭州貝薩斯達市的ＦＤＡ禮堂聚集了四百人，他們都特地來聆聽基因科技公司針對新藥 t-PA（亦稱為 Activase），對ＦＤＡ諮詢委員會所做的簡報。t-PA 是能夠為心臟病患者溶解血栓的神奇藥物，截至當時為止，在生物科技發展史上，還沒有任何新藥能引發這麼大的騷動。當時基因科技的股價高漲，達到一百倍的本益比，反映出基因科技高明的推銷手腕，能說服大眾這顆 t-PA 砲彈將直接命中目標。但是這樣的炒作有其風險，萬一 t-PA 在ＦＤＡ審核過程中碰到阻礙，股價就會變得不堪一擊。

到了晚餐時間，經過五小時的簡報和討論後，終於開始投票。觀眾全都屏氣凝神，注意聆聽票數計算。結果，基因科技公司未能說服委員會 t-PA 能延長壽命，委員會對新藥打了回票，建議他們做進一步的研究。諷刺的是，說服FDA委員所需的大部分資訊，其實基因科技都有辦法拿到，他們卻沒能事先將所有必需的資料準備齊全、充分把握，開會時委員當場提出的任何問題或顧慮，他們都無法做到能對答如流的地步。

基因科技創辦人斯萬生（Robert Swanson）說委員會的決定是個錯誤，持平而論，基因科技幾個月後捲土重來，新藥終於獲得批准。不過，被耽擱的六個月非常重要，因為至少有十家公司都競相開發t-PA相關藥物，當基因科技回頭重新組合數據、提交給FDA時，競爭對手趁機攻城掠地。t-PA的挫敗影響到基因科技飆漲的股價，接下來兩年，基因科技的股價表現落後大盤六〇%，提高了基因科技的股票資本成本（而他們需要從股市籌募巨資投入新藥研發），導致後來終於讓羅氏藥廠（Roche）買下基因科技的控股權。

為決定性時刻做好準備

在本章結尾，我們要回頭再談一談亞孟森的故事，以凸顯鏡頭先拉遠再推近的重要性。原來在一九一一年，亞孟森最初打算到北極探險，而不是到南極。

沒錯，北極！

他籌募了北極探險所需經費，組成一支北極探險隊，接洽了一艘名為Fram的船，準備開往北極，也為北極探險擬定周詳計畫。

那麼，為什麼最後他卻跑到位於地球另一端的南極呢？

在籌備北極探險期間，亞孟森接到令人震撼的消息。北極點已遭攻陷。根據報導，先是庫克（Frederick Cook），繼而是皮爾瑞（Robert Peary），先後聲稱自己抵達北緯九十度。於是亞孟森決定改弦易轍，把精力投注於籌備新的探險計畫，目的地為南極點。他在籌備期間一直保守祕密，連船員都是直到啟程時才知道亞孟森的新決定。一九一〇年九月九日，亞孟森比預定時間提前三小時，在葡萄牙的馬德拉港起錨，令船員措手不及。啟程後，他把所有船員召集到甲板上，平靜地告訴他們，目的地不是北極，而是南極。之前，船員還滿腦子都是北極，到了十點鐘，他們已經開始航向南極，完全投入新的探險計畫，把北極拋在腦後。

我們一直把亞孟森描繪成毫不衝動的探險家，是極端重視細節、總是做好充分準備、偏執而有紀律的狂熱份子。然而當北極點已有人捷足先登，而且另一位探險家史考特也瞄準南極點時，亞孟森的探險方向有了戲劇性的轉折，從北向改為南向。假如亞孟森當時說：「我的計畫是往北走，所以我要往北走。」如果他拒絕調整方向，就不可能率領團隊達到十倍勝的成就。當他得知北極點已有人捷足先登，他把鏡頭拉遠，考慮改變後的情況；然後又把鏡頭推近，執行南向的新計畫。

十倍勝領導人擁有一種獨特的能力，在面臨機會或危險時，能認清什麼時候是關鍵時刻，需要破壞原本的計畫，改變專注焦點，重新安排優先順序。當決定性時刻來臨，他們的緩衝機制早已就緒，準備好一大堆額外的氧氣筒，因此可以擁有各種選擇方案，彈性應變。

他們之所以有這麼高的安全邊際，是因為他們懂得壓低風險，審慎行事，避免死亡風險，避開非對稱風險，更努力將不可控的風險降到最低。他們察覺環境中的變動後，會問：「在風險圖像改變之前，還有多少時間？」他們在深思熟慮後嚴謹決策，而不是被動反應。然後他們再把鏡頭推近，在決定性時刻專注於完美執行決策，從來不會為了追求速度而犧牲卓越。

人生中並非所有的時間都是相等的，有些時刻會比其他時刻來得更重要。對亞孟森而言，一九一一年就是非比尋常的一年，而且他也充分善用這段時間。對布里薛斯而言，一九九六年五月的珠穆朗瑪峰之行，也是非比尋常的一段時光，當決定性時刻來臨，他展現了出色的執行力。對航空業而言，九月十一日也是非比尋常的一天，西南航空展現非凡膽識，安度難關。

每個人都會在人生中面臨某些關鍵時刻，這時我們的表現能否展現應有的品質，會比在其他時刻都更加重要。我們可以好好把握關鍵時刻，也可以虛度時光，浪費這些時刻。

十倍勝領導人總是為這樣的時刻做好準備，他們會認清這樣的時刻，緊緊把握這樣的時刻，他們的人生在這樣的時刻翻轉，他們也在這樣的時刻中展現最出色的一面，投入非比尋常的心力，來面對非比尋常的重要時刻！

本章摘要

超越死亡線

重點

- 本章探討建設性偏執的三個關鍵面向：

1. **儲備現金，建立緩衝**：在風暴來襲前，準備好額外的氧氣筒。
2. **壓低風險**：壓低死亡風險、非對稱風險和不可控的風險，並且好好管理時間風險。
3. **鏡頭先拉遠，再推近**：保持戒慎恐懼，時時警覺環境變化，並有效因應。

- 十倍勝領導人知道自己無法準確預測未來，所以必須及早為無法預測的意外狀況做好充分準備。他們總是假定隨時可能會突然遭逢一連串厄運的打擊。
- 當風暴來襲，貴公司究竟會落在領先群、落後群，還是遭到淘汰出局，最重要的是你們在風暴來襲前所做的事情——制定關鍵決策，建立紀律，緩衝機制和減震器也已準備就緒。
- 十倍勝領導人在建立緩衝和減震器上所下的工夫遠遠超越其他公司。我們研究的十倍勝公司的現金資產比是大多數公司現金資產比中數的三到十倍，而且十倍勝公司在發展歷程中，始終保持比對照公司更保守的資產負債表，即使當他們還是小公司時都不例外。

● 十倍勝公司極端審慎地管理風險，他們特別注意三種風險：

1. 死亡風險（可能導致公司滅亡或嚴重受創）。

2. 非對稱風險（負面效應遠大於正面效應）。

3. 不可控的風險（無法控制風險或管理風險）。

● 十倍勝公司先把鏡頭拉遠（宏觀），然後再推近（微觀）。十倍勝領導人一方面專心一志努力達成目標，另一方面也能察覺環境變動；他們既會督促員工完美執行決策，也會因應情況變化而調整方向。當警覺到危險，他們立刻把鏡頭拉遠，思考威脅會多快來臨，是否需要改變計畫。然後再把鏡頭推近，重新聚焦於執行決策，達成目標。

● 你們毋須因為環境瞬息萬變，而放棄有紀律的思考和有紀律的行動，反而需要奮力拉遠鏡頭，快速而嚴謹地制定決策，再把鏡頭推近，快速展現卓越的執行力。

意外的發現

● 與對照公司相較，十倍勝公司冒更低的風險，卻產生更卓越的成果。

●跌破眼鏡的是，十倍勝領導人並不如大家想像的那麼自信滿滿，勇於冒險，把目光放在機會上。相反的，十倍勝領導人抱著建設性偏執心態，總是戰戰兢兢的，深怕哪裡出錯。他們會問一些諸如此類的問題：最壞的情況是什麼？萬一發生最壞的狀況，會帶來什麼後果？我們有沒有應變方案？正面和負面的後果出現的機率各是多少？有哪些我們無法掌控的狀況？怎麼樣才能減少無法控制的力量帶來的衝擊？萬一？萬一？萬一？

●十倍勝公司不見得比對照公司更重視速度。在風險圖像改變之前，無論還有多少時間，都盡量好好把握，經過深思熟慮後，才制定嚴謹的決策，往往會比倉促決策，帶來更好的成果。

關鍵問題

●關於貴公司目前面臨的最大威脅和危險，在風險圖像改變之前，你們還有多少時間？

第六章

致勝配方的變與不變

SMaC 可說是實現策略性概念的操作碼，
是比純粹戰術更持久的一套實際做法，
它可以持續數十年，並應用在不同的環境。

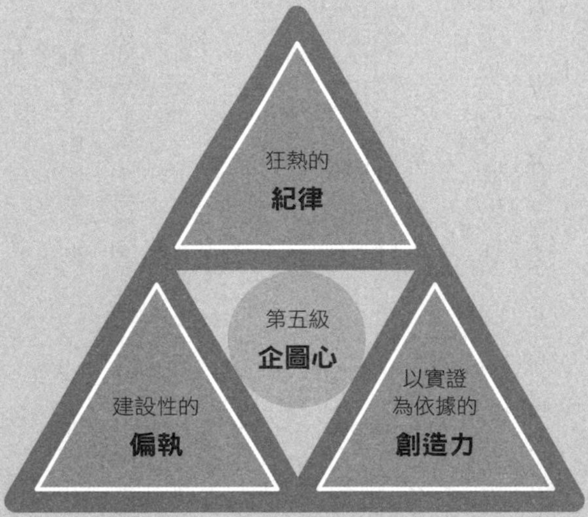

「大多數人都不是死於疾病，而是死於藥方。」

——莫里哀（Molière）

一九七九年初，西南航空執行長普特南（Howard Putnam）為一個問題左思右想：我們需不需要大刀闊斧改革公司經營方式，以因應開放天空後翻天覆地的巨變？因為一九七八年美國通過民航業解除管制法案，從此將開放天空，容許民航業者自由競爭，引發航空公司為爭奪市場占有率而激戰，迫使業者削減成本，甚至可能導致破產。

普特南苦苦思索的是：航空業解除管制會不會破壞我們低成本的營運模式？會不會對我們以員工為本、活潑歡樂的企業文化形成威脅？會不會影響我們快速起降、密集班次的競爭優勢？我們點對點的飛航系統會因此變得窒礙難行嗎？環境的劇烈變動會迫使我們在內部進行激烈變革嗎？

他的答案是：不會，不會，不會，不會，不會。

結論是，西南航空應該繼續採取和過去一樣的擴張模式，就好像反覆採用相同的食譜和模子來烘焙出一模一樣的餅乾。「繼續做你已經做得很好的事情。」他說，而且要「一而再、再而三反覆這樣做」。

不只如此，他一點一點地具體列出這份餅乾食譜的內容。以下是普特南的說明（我們原封不動逐字複製了普特南的談話，只刪除一個我們無法解讀的英文縮寫，好讓各位看看普特南如何用自己的話詳列出西南航空的祕方）：

一、繼續當個只提供兩小時內短程飛航服務的航空公司。

二、十到十二年內都採用波音七三七為主要機型。
三、繼續保持高飛機使用率和快速的航班輪轉時間（在大多數的情況下為十分鐘）。
四、乘客是我們最重要的產品。不載運貨物或郵件，只載運利潤高、處理成本低的小型包裹。
五、繼續保持低票價和高頻率航班服務。
六、機上不供餐。
七、不與其他航空公司合作聯運……票務、稅和電腦系統的成本，加上我們獨特的機場策略，都不容許我們參與聯運。
八、繼續把德州當做最重要的市場，唯有當其他州也出現需要高度密集短程飛航服務的市場時，才跨州提供服務。
九、在服務中提供家庭般的感受和人情味，營造歡樂氣氛。我們以自己的員工為榮。
十、保持簡單。持續櫃檯現金購票的做法；起飛十分鐘前在登機門取消訂位，清出機位提供候補；簡化電腦系統；商務艙提供免費飲料，候機室提供免費咖啡和甜甜圈；不能選擇機位；將實際登機的旅客名單錄音；每天晚上飛機和機組人員都飛回達拉斯；只有一個總部和飛機維修設施。

普特南並沒有發表一份乏味空洞的「西南航空將成為首屈一指的廉價航空公司」之類的

宣言，而是具體說明了他們的區隔市場，即提供兩小時短程飛航服務。他還明確指定採用七三七為主要機型，十分鐘的航班輪轉速度，不載運貨物或郵件，機上不供餐，不合作聯運，乘客不能選擇座位，憑收銀機收據即可登機。普特南列出的十個要點非常容易掌握，也很容易說明與遵循，了解該做什麼與不該做什麼。普特南為決策和行動規畫了一個清楚、簡單而具體的架構。

普特南的十要點反映出他以實證為依據的洞察力，能洞悉哪些做法行得通、哪些行不通。就拿西南航空只採用七三七機型為例，為什麼只飛七三七機型是明智的決定？這樣一來，公司所有機師都能駕駛所有飛機，因此排班時有非常大的彈性。你只需要一套零件、一套訓練手冊、一套維修程序、一套飛行模擬器、一種空橋、一種登機流程就可以了。

普特南的十要點最令人驚嘆的是，歷經長時間仍保持高度一致性。整體而言，普特南列出的要素在經過四分之一世紀後只改變了二〇％。想想看，儘管經歷了一連串巨大衝擊，從石油危機到航管人員罷工、航空業大規模購併、軸輻網絡營運模式興起、利率竄升、網路普及，以及九一一事件，卻只改變了二〇％。儘管展現驚人的一致性，這份配方也與時俱進，但不是透過革命性的改變，而是審慎地一步一步演進。西南航空公司後來確實增加了飛行時間超過兩小時的航班，推出網路訂票服務，並且和冰島航空公司合作聯運。假如西南航空變得呆板僵化、故步自封、缺乏好奇心、從來不視需要而修改普特南的十要點，那麼也不可能成為十倍勝公司。不過最令人印象深刻的，仍是十要點大部分的內容都原封不動。

什麼是SMaC配方？

普特南的十要點形成了他的SMaC致勝配方。這是一套可長可久的做法，創造出可以模仿複製、高度一致的成功方程式。SMaC代表的是英文「Specific, Methodical and Consistent」（具體明確、有條理有方法，同時始終如一）的縮寫。你可以採取各種不同的方式來運用SMaC：可以把它當形容詞（「我們來打造一個SMaC系統」），或名詞（「SMaC會降低風險」），和動詞（「我們來SMaC這個專案計畫」）。SMaC配方可說是實現策略性概念的操作碼，是比純粹戰術更持久的一套實際做法。戰術會隨著不同的情勢而改變，然而SMaC做法可以持續數十年，並應用在不同的環境。

研究小組過去深信，每套做法在具體明確和可長可久之間，勢必要有所取捨：假如你想要的是持久的原則，你的「配方」就必須像核心價值或高層次策略般內容更廣泛、更具普遍性；但如果你想要的是具體明確的做法，那麼就像戰術一樣，當情況改變時，做法就要時時改變。然而，我們還是有可能發展出既明確又持久的做法，SMaC配方就是如此。

SMaC做法和策略、文化、核心價值、目的或戰術都不一樣。

「只飛七三七機型」是核心價值嗎？不是。

「只飛七三七機型」是核心信念，代表公司存在的目的嗎？不是。

「只飛七三七機型」是高層次策略嗎？不是。

「只飛七三七機型」是企業文化嗎？不是。

「只飛七三七機型」是需要時時隨情勢變化而改變的戰術嗎？也不是。

然而在普特南提出十要點三十年後，西南航空公司依然只飛波音七三七飛機。

SMaC也包含了「不做的事」。普特南的要點清楚列出了不做的事情，包括不要合作聯運、機上不供餐、不提供頭等艙機位、不載運貨物。普特南認為，增加其中任何一項服務，都會令流程變得更複雜，拉長班機降落後再度起飛的時間。

所以，十倍勝公司的SMaC清單都包含了不做的事情。不要用賠款準備金（亦稱「給付準備金」）來管理盈餘（前進保險公司）。不要等到開發出完美的軟體，才進入市場；而要讓還不錯的軟體先問世，然後再逐步改進（微軟）。不要第一個推出創新產品，但也不要是最後一個，而要採取只落後一步的「緊跟」策略（史賽克）。不要在產業衰退時削減研發經費（英特爾）。不要自吹自擂，寧可因為低估了你們的下一次成功而得罪人，也不要膨脹過度，高估自己（安進公司）。只讓員工享有股票選擇權，而不提供執行長股票選擇權（生邁公司）。

具體清晰的SMaC配方能幫助人們在極端惡劣的環境下穩住方向，保持高績效。試想一下布里薛斯在珠穆朗瑪峰的情況。在籌備IMAX拍攝計畫的多年中，他已經發展出在高山上拍攝影片的SMaC守則。為了擬定在極低溫環境下處理IMAX攝影機的標準程序，他曾經到多倫多華氏零下五十度的冷凍庫中，評估電池碰到極低溫時的效能，並練習徒手換裝六十五毫米底片（即使在珠穆朗瑪峰頂，他仍須徒手裝底片，以降低故障的可能性）。他為了在極端的環境和極不尋常的情況下使用和移動攝影機，列出「防呆檢核表」。他有系統地發展出一份補給品清單，任何對IMAX拍攝計畫或人員安全沒有直接貢獻的項目都遭到刪除。然後他在攀登珠穆朗瑪峰之前一年，先在尼泊爾進行一次長達一百六十哩、為期二十八天的辛苦跋涉，並利用那次機會琢磨和修正所有的做法。等到布里薛斯的團隊真正到珠穆朗瑪峰拍攝時，他們已經很清楚該做什麼，以及應該怎麼做了。

一九九六年五月二十三日，布里薛斯和隊友帶著攝影機登上珠穆朗瑪峰頂。只要稍有不慎（攝影設備掉落、故障或底片沒裝好），多年來投入的心血和耗費的數百萬美元巨資可能淪為泡影。談到那關鍵的時刻，布里薛斯說：「我們就像過去六十天一樣，有條不紊，慢慢進行。我再度徒手裝好底片。然後索爾和我站在世界之巔，根據我們的攝影機檢核清單，做了最後一次檢查。」

布里薛斯的SMaC配方

一、用一份檔案匣分門別類地列出這次探險的各項相關事項，包括為任何可能出錯的事情都預擬備用方案（有時候甚至還有備用方案的備用方案）。

二、每次移動到不同地點時，都用笨方法徹底檢查一遍，確定沒有遺漏任何東西。

三、無論天氣多冷，都徒手安裝底片，確保每一次都能拍到完美的影像。

四、能夠在五分鐘內組裝攝影機、把攝影機固定在三腳架上、安裝底片、對焦，並拍攝完成。

五、探險隊出發前，能在實際情況、冷凍庫零下低溫中和模擬旅程中測試設備。

六、以最少的重量發揮最大的效能。在不至於犧牲攝影機性能和人員安全的情況下，攜帶的東西愈少愈好。

七、挑選團隊成員時，選擇可以信賴的人。

八、總是為重要裝備和補給品準備備胎：額外的氧氣筒、額外的鞋底釘、額外的手套、額外的補給品。總是預備比預計時間待得更久。

九、不讓虛弱隊友嘗試攻頂。「團隊有多大能力，取決於最弱隊員有多大能力。」

十、讓兩個不同的團隊（登山隊和影片攝製小組）在山上合作無間。

在混沌中建立秩序

在瞬息萬變、高度不確定的世界裡，十倍勝公司以堅忍自持的態度，泰然接受無法控制的情況，然而他們會盡最大努力，掌握自己可以控制的情況。而SMaC就是他們在失控的世界裡努力掌控一切的方法。環境愈冷酷無情，你就必須愈明確具體，有條不紊，始終如一。SMaC配方乃是在混沌中建立秩序，在你遭到破壞性力量劇烈衝擊時保持一致性。在混亂的世界中經營企業，假如沒有SMaC配方，就彷彿在暴風雨中迷失於荒野中，找不到指路明燈。

你或許會想：「好吧，這裡最主要的發現是要有個SMaC配方。」但事實上，十倍勝公司並不是單靠表面上有個致勝配方，就能有系統地與對照公司有所區別。我們的主要發現其實是十倍勝公司如何狂熱地堅持紀律，比對照公司更努力遵從配方，以及他們如何發揮以實證為依據的創造力和建設性偏執，審慎修正配方。

十倍勝公司致勝配方中的每一種成分，平均都保持二十年不變（從八年到四十幾年不等）——的確很久！表6-1正說明了十倍勝公司的致勝配方如何持久不變，始終如一。

我們在對照公司中找到一個有趣的對比：大多數的對照公司都在營運績效最佳的年頭展現某種版本的SMaC配方（只有一家對照公司科士納從來沒有SMaC配方），但是經過長時間之後，對照公司的SMaC配方改變幅度往往大於十倍勝公司。我們分析十倍勝公

表 6-1　前進保險公司的 SMaC 配方

前進保險公司的 SMaC 配方	持久性和一致性
1. 專注於非標準型汽車險，讓一般保險公司拒保的高風險駕駛人也能投保。	至少 30 年 在 1990 年代改變
2. 保費必須達到 96%的綜合比率。制定保費的原則是追求獲利，絕不是一味追求成長；從來不會為了提高市占率而降低承保標準或喪失訂價紀律。不接受任何不獲利的理由，不管是政府管制的問題、競爭上的困難或自然災害，都不能拿來當做沒能獲利的藉口。	至少 30 年 截至 2002 年還沒改變
3. 根據個人資料中可能影響駕駛風險的因素（例如所在地區、年齡、婚姻狀態、駕駛紀錄、車輛廠牌及出廠年份、引擎大小等），為顧客訂定保費。	至少 30 年 截至 2002 年還沒改變
4. 如果因為法令規章的限制，以致在提供卓越理賠服務的同時不可能獲利，那麼就撤出那個州的市場。	至少 20 年 截至 2002 年還沒改變
5. 重視進行索賠調查和評估理賠金額的速度；速度能帶來更好的服務和更低的成本。	至少 25 年 截至 2002 年還沒改變
6. 隨時都在實驗新事業或新服務，但任何新事業在證明能持續獲利之前，規模都不能超過公司總營收的 5%。	至少 30 年 截至 2002 年還沒改變
7. 利潤主要來自於承保業務，而非來自於投資。	至少 30 年 截至 2002 年還沒改變
8. 絕對不用賠款準備金來管理盈餘。	至少 30 年 截至 2002 年還沒改變
9. 以獨立的保險經紀人作為銷售人力；以大量經紀人來負責少量業務，而不是以少量經紀人來負責大量業務。	至少 30 年 在 1990 年代改變

司和對照公司配方中的一百一十七個要素，發現平均而言，對照公司的改變幅度是十倍勝公司的四倍（請參見附錄J）。表6-2顯示十倍勝公司和對照公司在分析期間改變SMaC配方的幅度。

表 6-2 在我們分析期間改變 SMaC 配方中的成分

十倍勝公司		對照公司	
安進	10%	基因科技	60%
生邁	10%	科士納	（無資料）
英特爾	20%	超微	65%
微軟	15%	蘋果	60%
前進保險	20%	塞福柯	70%
西南航空	20%	PSA	70%
史賽克	10%	USSC	55%

你現在或許會想：「且慢！也許對照公司的營運模式比較差，而且他們的變化比較大，可能是因為還沒找到真正厲害的營運模式。」但回想一下PSA的情況。還記得我們在第四章提到，西南航空公司剛創立的時候，其實完全複製PSA的營運模式，連作業手冊都模仿PSA。所以，這兩家航空公司都面臨自由化的衝擊，都面對動盪不安的環境，都有極佳的核心市場，經營祕方也幾乎完全相同，然而只有西南航空能夠在美國航空業解除管制後，歷經二十年的考驗仍然持久卓越（請參見圖6-1）。

面臨自由化的衝擊時，PSA的因應之道

圖 6-1　美國航空業解除管制：不同的航空公司有不同的反應

西南航空 vs. PSA
累計股票報酬相對於大盤績效的比率

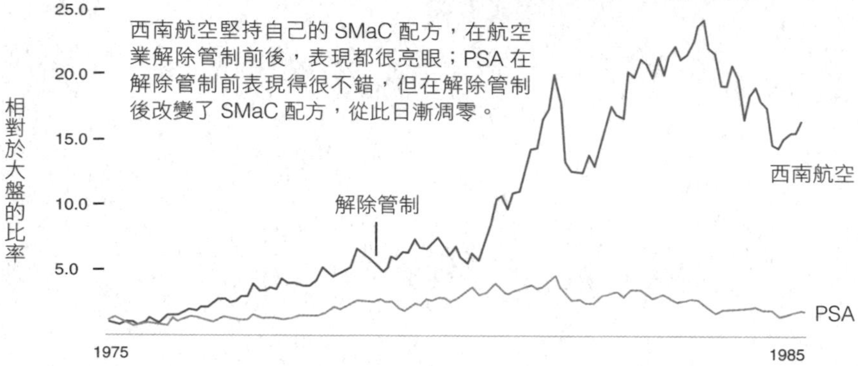
25.0
20.0
15.0
10.0
5.0
相對於大盤的比率
西南航空堅持自己的 SMaC 配方，在航空業解除管制前後，表現都很亮眼；PSA 在解除管制前表現得很不錯，但在解除管制後改變了 SMaC 配方，從此日漸凋零。
解除管制
西南航空
PSA
1975
1985

註：

1. 每一家公司與大盤表現比乃是根據 1974 年 12 月 31 日到 1984 年 12 月 31 日股票報酬來計算。
2. 本圖中所有計算股票報酬的資料來源：©200601 CRSP®, Center for Research in Security Prices. Booth School of Business. The University of Chicago. Used with permission. All rights reserved. www.crsp.chicagobooth.edu.

是決定改頭換面，變得更像……聯合航空（United Airlines）。真是十分諷刺，正當西南航空開始在達拉斯累積動能時，PSA卻逐步放棄了多年來證實有效的配方。PSA原本大可運用相同的有效配方（更何況這個配方還是他們發明的），成為史上最成功的航空公司。「即使在景氣最好的時候，獨立航空公司要生存下去都很困難，」PSA總裁埋怨說，於是他終結了PSA的獨立生命。「我們原本可以自己繼續走下去……不過對我們而言，更明智的是接受全美航空公司提出的合理價格。」

分析師和媒體開始嚷嚷：複

製ＰＳＡ原始概念的西南航空公司也應該改弦易轍，好好翻修一下普特南的十要點，否則可能像ＰＳＡ一樣節節敗退。美國《商業週刊》在一九八七年寫道：「愈來愈多批評者同聲表示，五十六歲的凱勒赫必須重新思考他『保持簡單』的策略。」《華爾街實錄》引用分析師的話指出，西南航空不再被視為一家成長公司，他們的營運模式漸漸喪失機會。面對企業改革的壓力，當時西南航空執行長凱勒赫的反應，正如同二次大戰的重要決戰「突出部戰役」（Battle of the Battle）中，麥考利夫將軍（Anthony McAuliffe）在德軍發出最後通牒招降時的反應一樣：「呸！」凱勒赫充分了解普特南清單上的每一項成分為何有效，也知道即使航空業的競爭愈來愈激烈，西南航空的營運模式依然管用，所以配方中大多數的內容，他都保持原封不動。當然，西南航空依舊是全世界最受推崇的公司之一，而ＰＳＡ則變得愈來愈不重要，逐漸被淡忘。只不過ＰＳＡ的精神仍然深植於德州心臟地帶。

傳統智慧總認為，要推動變革是很辛苦的事情。但如果改變真的那麼困難，為什麼許多證據顯示，比較不成功的對照公司反而推動更多劇烈變革？原因在於變革本身並不是最困難的部分，比推動變革更加困難的是釐清哪些做法才行得通，了解為何行得通，並且充分掌握改變的時機，也知道什麼時候不應該改變。

蘋果與微軟的對比

蘋果公司的大起大落正充分說明了偏離致勝配方的危險，以及重拾SMaC配方的價值。一九九〇年代中期，當蘋果陸續推出蘋果二號電腦及「給我們其餘這些人用的」麥金塔電腦時，早已不復初期的輝煌。由於長期策略不一致，高層不斷走馬換將：一九八五年，史考利將賈伯斯趕出蘋果；一九九三年，史賓德勒（Michael Spindler）取代了史考利；到了一九九六年，阿梅里奧（Gil Amelio）又取代史賓德勒。蘋果的定位也一直反反覆覆：給我們其餘這些人用的電腦、為企業設計的電腦，然後是電腦中的高價位BMW，接著採取以廉價電腦爭取高市占率的策略，然後又恢復高價位電腦的策略。結果這段期間蘋果的股票報酬落後大盤，微軟則不斷上揚，兩者的表現呈鮮明對比（請參見圖6-2）。

微軟在這段期間始終如一，毫不動搖，無論在公司的領導、信念、策略和配方上，都展現了高度一致性。到了一九九三年，蘋果已經落後太多，在一次科技研討會中，在台上座談的創投家和電腦專家激辯的熱門話題居然是：「蘋果電腦能繼續生存下去嗎？」蘋果公司後來開始認真和昇陽電腦（Sun Microsystems）之類的公司討論出售蘋果的可能性，準備親自終結自己的獨立生命。眼看蘋果即將不光彩地殞滅，成為卓越公司的夢想也化為泡影。

幸運的是，故事後來峰迴路轉，從一九九七年開始，蘋果出現轉機。以下是真正有趣的部分：賈伯斯並未徹底改造蘋果公司，反而重拾二十年前在車庫創業時，將蘋果推向卓越所

圖 6-2　1985-1997：微軟扶搖直上，蘋果每下愈況

累計股票報酬相對於大盤績效的比率

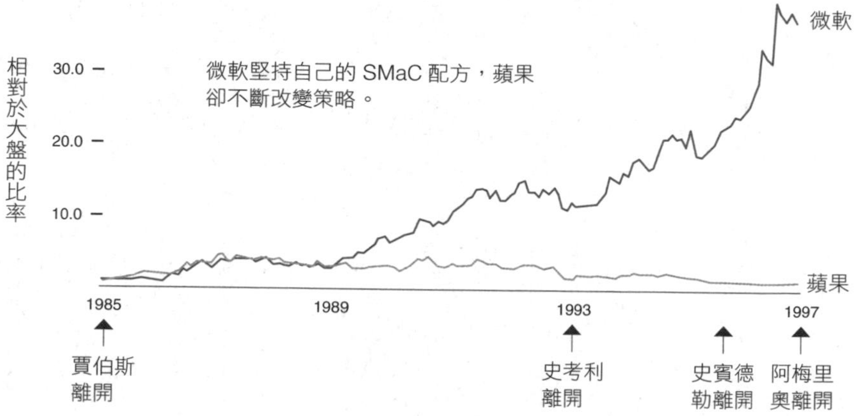

註：

1. 每一家公司與大盤表現比乃是根據從 1985 年 8 月 31 日到 1997 年 8 月 31 日股票報酬來計算。而且由於無法取得從 1985 年 8 月到 1986 年 3 月的微軟 CRSP 數據，這段時間的微軟股票報酬乃是以大盤整體報酬來計算。
2. 本圖中所有計算股票報酬的資料來源：©200601 CRSP®, Center for Research in Security Prices. Booth School of Business. The University of Chicago. Used with permission. All rights reserved. www.crsp.chicagobooth.edu.

秉持的原則。他在二〇〇五年表示：「很棒的是，蘋果的DNA不曾改變。」他指的不只是宏觀的信念，還包括許多蘋果配方中的成分都未改變。例如：不容許其他人複製我們的產品；好好設計產品，讓整個產品完美結合，運作順暢；產品要設計得優雅而容易使用；產品推出前守口如瓶，然後舉行盛大的新產品發表會，激發壓抑已久的熱情；假如我們無法掌控主要科技，就不要進入那個產業；為個人設計產品，也向個人行銷產品，而不是以企業為對象。這些都是蘋果公司在草創初期就實施的做法，二十年後，賈伯斯在蘋果重生時再度恢復這些做法。

蘋果公司在最黑暗的日子裡之所以節節敗退，不是因為最初的致勝配方不再奏效，而是因為缺乏紀律，沒有堅持原始配方。儘管賈伯斯才華洋溢，但蘋果能夠浴火重生，是因為這一回他們以狂熱的紀律重拾原始配方的精髓。史考利在二〇一〇年接受採訪時，回顧二十五年前被他逐出大門的賈伯斯領導蘋果重返榮耀的過程時指出：「史帝夫如今恪遵的原則，正是他當年採取的相同原則。」

面對走下坡的情況，十倍勝領導人不會先假定他們的原則和方法已經過時，而會先思考企業是否已經偏離原本的配方，或放棄嚴謹的紀律，沒能堅持原始配方。假若真是如此，那麼補救方法就是重新掌握原始配方背後的洞見，重燃堅持配方的熱情。他們會問：「是不是因為我們失去紀律，所以配方不再管用？還是因為我們的環境起了根本變化，配方才不再管用？」

UCLA籃球王朝的成功祕方

一九六〇和七〇年代，UCLA偉大的籃球教練伍登曾經在十二年之內，率隊拿到十次美國大學男籃總冠軍，他的故事正充分展現了保持前後一致的強大威力。在精彩紀錄片《UCLA王朝》（*The UCLA Dynasty*）中，一位球員回憶：「我們做每一件事都有一定的方法。你可以把分別在一九五五年、六五年、七〇年和七五年打過UCLA籃球校隊的人找來組成一隊，他們立刻可以一起上場打球，合作無間。」伍登用同一套方法訓練球員，寫在同一套三乘五卡片上，三十年來幾乎沒什麼修改。訓練每天準時開始，準時結束，無論在全國冠亞軍決賽前或球季初登場時，訓練方式都始終如一。一位明星球員表示：「等到球賽開始時，球員對於如何在場上表現出色，早已倒背如流，習慣成自然。」

伍登將他的「成功金字塔」（人生哲學和競爭理念）轉換為一套具體詳細的配方，連球員應該如何繫鞋帶都包含在內。

假設你是UCLA網羅的明星球員，正參加球隊的第一次訓練，準備好好展現球技，在球隊掙得一席之地，你在球場中來回奔馳、跳躍、轉身、旋轉，表演灌籃美技。你悄悄靠近一名曾獲全美明星球員榮譽的大四球員，等候教練下令開始練球。教練來了，他低聲宣布開始練習，「我們先學學怎麼綁鞋帶。」

你注視著幾位著名的大四學長，他們都是得過全美冠軍的明星球員，心想這一定是給大一新生的下馬威。但你猜錯了，大四學長全乖乖脫下鞋子，準備學習綁鞋帶。

「首先，把襪子，小心地，慢慢地，套在腳趾上。」教練說。大四學長都認真照做。「現在，把襪子拉到這裡……和這裡……把有皺摺的地方都抹平……把襪子穿好、拉緊……慢慢來。」伍登教練彷彿教導茶道的禪師般循循善誘。「然後，從最底部開始穿鞋帶，小心地，慢慢地，把鞋帶好好穿過每個孔並且綁緊了……穿起來要覺得很舒服！很舒服！」

上完這堂課，你問當過全美明星球員的學長為什麼要上這堂課，他說：「假如你在重要比賽時腳起了水泡，一定很辛苦。至於在勢均力敵的比賽中鞋帶鬆脫……咱們隊上可是從來不曾發生這種事情。」一年後，你已經協助球隊奪得另一次全美冠軍，有一天你到球場練球時，注意到當教練宣布「我們先學怎麼綁鞋帶」時，新鮮人臉上流露不可置信的表情。

現代管理教條諄諄告誡我們，企業應該經常全盤翻修，自我改造的頻率應該高於外面世界變動的速度，企業應該在內部推動激烈變革，而且應該時時這樣做。但是，美國總統林肯在南北戰爭最黑暗的時期曾經說過：「適用於過去太平時期的教條，在狂風暴雨的今天，就顯得有所不足。」在狂風暴雨的世界裡，我們需要有新的思維，換句話說，我們應該揚棄過去唯有不斷進行企業變革，才能持續欣欣向榮的觀念。如果你們真的想變成一家平庸的公司，或是在動盪不安的世界裡自我毀滅，那麼你們大可因應外界大大小小的衝擊，不斷改革、躍變、轉型。但檢視我們過往的所有研究之後發現，平庸企業的特徵不是不願改變，而是不斷變來變去，長期缺乏一致性。

別忘了本研究的前提：我們面對的是高度不確定和不穩定、瞬息萬變的世界。然而當我們透過巨變和混亂的鏡片展開研究時，卻發現十倍勝公司並不像對照公司那麼頻於修正他們的致勝配方。但這不表示十倍勝領導人志得意滿，安於現狀。當他們抱持建設性偏執、堅持狂熱的紀律、又發揮以實證為依據的創造力和第五級企圖心時，根本不可能產生自滿的心態。十倍勝領導人有很強的內在驅動力，全神貫注於追求目標。只不過他們在實現偉大抱負的過程中，會狂熱地嚴守紀律，堅持已證明行得通的做法，同時又擔心（他們總是憂心忡忡）哪些做法不再適用於不斷變動的世界。當他們真的需要因應環境而改變時，他們就會修改致勝配方。

修改配方，與時俱進

假定我們請你把周遭世界中正在改變的事情分門別類，你會需要多長的清單才列得完？請看看以下幾類：

經濟情勢起了什麼變化？
市場有什麼變化？
時尚風潮有什麼變化？
科技如何改變？
政治情勢起了什麼變化？
法令規章有什麼改變？

社會規範有什麼改變？

你的職業有什麼改變？

周遭世界掀起驚濤駭浪，而且對大多數的人來說，改變的速度愈來愈快。我們很快就會發現，我們沒有能力一一因應外界的每個變化。而且大多數的變化也只是雜音罷了，並不需要我們在內部推動什麼根本改變。

然而有些變化不是雜音，我們必須懂得自我調整和演變，否則就會大難臨頭或錯失良機。卓越的公司都懂得讓致勝配方與時俱進，一方面保持配方大部分內容原封不動，另一方面又能視情況修正某些要素。

一九八五年，英特爾面對記憶體事業（DRAM）的陰暗現實。日本競爭對手令DRAM產業陷入殘酷的價格戰，兩年內價格直線下滑八〇％。英特爾領導人最後必須面對殘酷的現實：記憶體事業已落入流血殺價的慘況，變得毫無價值。幸運的是，從一九六九年起，當英特爾工程師霍夫（Ted Hoff）成功把所有運算功能塞進單一晶片後，英特爾就開始向另外一個領域——微處理器——發射子彈。接下來十六年，英特爾逐步在微處理器領域累積動能，擴大市占率，提高利潤，愈來愈多的實際證據顯示，對英特爾而言，微處理器能提供巨大商機。

透過史丹佛大學教授柏格曼（Robert Burgleman，全世界最了解英特爾策略演變、首屈一指的英特爾權威）的描繪，英特爾有一項重要決策後來變得非常有名。當時英特爾記憶體晶片事業日漸走下坡，葛洛夫和摩爾兩人激辯下一步究竟該怎麼走。葛洛夫把鏡頭拉遠，對摩爾提出一個假設性問題：「如果我們被別人取代了，新的經營團隊入主英特爾，他們會怎麼做？」

摩爾想了一會兒，然後回答：「他們會退出DRAM事業。」

葛洛夫說：「既然如此，我們就通過旋轉門，重回英特爾，把記憶體事業部關掉，親手解決這個問題。」

於是他們就這麼做了，把所有心力專注於微處理器的發展上。

對英特爾而言，這是非常大的改變。然而在同一時期，英特爾致勝配方上的其他成分依然原封不動，沒有絲毫改變。請注意表6-3中，英特爾退出記憶體晶片事業時有哪些事情沒有改變。

當然，如果英特爾只是盲目固守記憶體晶片事業，或許就無法成為十倍勝公司了。但同樣的，如果英特爾改變了大部分的配方（假如他們拋棄摩爾定律，開始削減研發經費，改變訂價模式，破壞建設性對抗的做法），那麼他們也不會成為十倍勝公司。故事的兩個部分都很重要：一方面大動作退出記憶體晶片事業，另一方面則SMaC配方中其他要素仍維持不變。

表 6-3　英特爾的 SMaC 配方

英特爾的 SMaC 配方	在 1985 年曾否改變？
1. 專注於積體電路的發展，以最簡約的形式提供顧客需要的所有功能。以 DRAM 記憶體晶片為發展重心。	決定退出記憶體晶片市場，把發展重心轉移到微處理器。
2. 堅持摩爾定律，每 18 到 24 個月以最低的成本，讓每個積體電路的元件複雜度加倍。	沒有改變
3. 藉由 (1) 減少隨機瑕疵，以擴大晶片尺寸，(2) 提高電路創新，容許更高的功能密度，以及 (3) 縮小電路元件，來實現摩爾定律。	沒有改變
4. 持續開發超越競爭對手的新一代晶片。開發出顧客必須採購的晶片，因為英特爾的新產品優於上一代產品及／或建立了產業標準。透過四階段循環，擴大領先競爭者的效益：（1）初期價格高昂；（2）量產後單位成本下降；（3）競爭對手開始跟進，拉低單位成本，價格變得愈來愈低；（4）利用獲得的利潤投入下一代晶片的開發，以開創競爭對手無法進入的新市場。	沒有改變
5. 把製程標準化，連最小的細節都不放過：也就是稱為 McIntel 的行動方案。把製造積體電路比擬為製造高科技軟糖。	沒有改變
6. 努力維護「英特爾說到做到」的好名聲。由於深獲客戶信賴而建立穩固的客戶關係，客戶相信英特爾會忠實履行在生產和價格上所做的承諾。這是英特爾能成為產業標準的奧祕。	沒有改變
7. 不要進攻固若金湯的山頭；避開已有強勁競爭者打下穩固根基的市場。	沒有改變
8. 練習建設性的對抗。不分階級，理性論辯。一旦有所決策，即使不以為然，仍要全力以赴，執行決策。	沒有改變
9. 衡量每一件事的績效；讓成果清晰可見。	沒有改變
10. 不景氣時，不要削減研發經費；好好利用景氣低迷時期，在技術上大幅領先競爭者。	沒有改變

英特爾的案例顯示了強烈的「兼容並蓄」風格。一方面，卓越公司在任何時候都只改變SMaC配方中的一小部分，其他部分保持原封不動。另一方面，這不只是「漸進式」的改變，他們在SMaC配方上所做的修正是非常重大的改變。因此，十倍勝公司能兼容並蓄，一方面推動重大變革，另一方面又能同時保持不可思議的延續性。

兼顧延續與改變

英特爾的對照公司超微半導體則恰好是鮮明的對比。超微先找到一個致勝配方，然後拋棄這個配方，採用另外一個配方，接著新配方又取而代之，然後又重拾舊配方。

在超微的早期配方中，他們的策略是成為客戶的第二貨源供應商，製造軍規晶片。到了一九八〇年代初，桑德斯擬定新配方——這一回超微要變成「蘆筍」！蘆筍比其他農作物需要更大量的前期資金、更長的栽種時間，但也能賣到更好的價錢。桑德斯拿蘆筍來比喻微電子產品，決定讓超微改弦易轍，製造需要大量前期資金、更長栽種時間、但能賣更高價錢的專利晶片，就像蘆筍一樣！超微在總公司外面高掛蘆筍旗幟，並且在廣告中聲稱：「我們已經準備好進軍蘆筍生意。」但幾年後，桑德斯掉轉回頭，雖然還保留少部分蘆筍，基本上又重拾扮演第二貨源的策略。

接著超微再度轉向，採取所謂的「P3策略」（P3是指平台〔platforms〕、製程〔process〕與生產〔production〕）。後來又追求所謂的「以顧客為中心的創新」。這些策略乍看之下都是不錯的想法，然而不斷改變配方，卻讓公司陷於頻繁的全盤翻新狀態，結果超微始終未能累積長期動能。

那麼，假定十倍勝公司有很好的配方，他們怎麼知道什麼時候應該修正配方呢？手上掌握了具體配方之後，他們可以針對環境的變化來思考配方的成分，檢視實際證據。我們需要面對哪些殘酷的現實？不能只提出看法，而必須以事實為依據。我們已經發射了哪些子彈？子彈擊中哪些目標？英特爾的案例充分顯示出，面對不確定的未來時，應該如何藉由發射子彈來避險，如此一來，當世局發生變化，手上就有修正後的現成配方可用。英特爾並不是為了因應記憶體產業崩盤而發明微處理器，而是十多年來一直在發射子彈，並在微處理器的領域證明了自己的實力。

要修改SMaC配方，有兩個較健全的做法：一、發揮以實證為依據的創造力，比較屬於內在驅動力；二、秉持建設性的偏執，比較把焦點放在外部。第一個做法需要發射子彈，找到新做法，並測試新做法，然後才納入配方中。第二個做法必須嚴守紀律，先把鏡頭拉遠，放寬視野，體察並評估環境中的變化，然後再把鏡頭推近，執行必要的修正。

十倍勝公司會兼顧兩種做法，雖然強調的重點會視情況而定。在英特爾的例子裡，他們先發揮以實證為依據的創造力（對準微處理器來發射子彈），然後當記憶體晶片事業走下坡時，建設性的偏執就發揮效用了。微軟在一九九〇年代開始大力擁抱網路風潮，正顯示建設性偏執或許是啟動策略修正的重要因素。

一九九四年之前，微軟的致勝配方一直以各自獨立的個人電腦為中心。然後二十五歲的微軟工程師艾拉德（James J. Allard）在一九九四年一月提出警告，指出每分鐘網際網路都會新增加兩個系統，每四十分鐘就有一個新的網路連結完成。一個月後，一位微軟的技術主管造訪康乃爾大學，親眼目睹所有年輕學生全部連上網際網路，於是他發了一封電子郵件給蓋茲：「康乃爾已經連線了！」就像站在珠穆朗瑪高峰上的布里薛斯，蓋茲明白情勢開始轉變，於是他把鏡頭拉遠。

事實上，蓋茲原本已有拉遠鏡頭的機制，他每年都會騰出一星期時間遠離辦公室，密集閱讀和思考，這是他的「思考週」。一九九四年四月，蓋茲把思考週拿來思考網路的問題。他也鼓勵經營團隊拉寬視野，召集微軟智囊團到僻靜之處，評估網路的威脅。他們要面對哪些事實？是否需要推動重大變革？這是真實的威脅，或者只是炒作或泡沫？我們真的受到威脅嗎？他們花了幾個月討論、激辯，甚至喊叫爭吵。最後，微軟逐漸明白，網路的確會帶來根本改變，也是嚴重的威脅，微軟需要大力擁抱網路連線的世界。

然後微軟再把鏡頭推近。蓋茲寫了一份八頁的備忘錄，標題是「網際網路的浪潮」，他在備忘錄中詳細描述自己的改變：「經歷了好幾個思考階段後，我對網路的重視與日俱增。」於是他改弦易轍，將微軟的發展方向導向網際網路，督促團隊「拚命研究網路特性」，指派五百多名程式設計師以最快速度開發新的網路瀏覽器，結果就是後來著名的 Internet Explorer 瀏覽器。這份備忘錄成為微軟傳奇故事的一部分，讓我們看到高瞻遠矚的公司創辦人如何大刀闊斧改革，一夕之間讓企業戰艦有了一百八十度大轉向。

不過，正如同英特爾轉型到微處理器的過程一樣，微軟配方中的大部分內容仍然保持不變，因為這些原則早在網路興起前就已證明是成功的做法。微軟沒有放棄以軟體開發為重心的原則，沒有放棄建立標準的信念，沒有放棄先推出不盡完美的產品再持續改進的做法，沒有放棄以量為先的訂價策略，沒有放棄對開放系統的承諾，沒有放棄在內部大聲爭吵激辯的做法，讓最佳點子通過嚴苛考驗脫穎而出，沒有放棄視窗作業系統，也沒有放棄各種應用程式。對微軟而言，擁抱網路是巨大的轉變，然而微軟的致勝配方中，大部分的成分仍然原封不動。微軟有沒有對SMaC配方做重大修正？有。微軟有沒有保持配方大部分內容原封不動？有。

十倍勝公司再度拒絕在一致和改變之間有所取捨，他們兼容並蓄，在保持一致性的同時，也兼顧了改變的需求。

變與不變：美國憲法修正案機制

一七八七年，美國憲法起草人齊聚費城，反覆斟酌一個深奧的問題：如何創造一個務實可行的憲法架構，這個架構既能具備相當的彈性，又經得起時間考驗？

如果往一個方向走過頭，加進太多具體限制，這部憲法不是有如緊箍咒就是變得無關痛癢。憲法起草人沒有能力預測世界會如何改變，甚至無法預見汽車、飛機、無線電通話、有線電視新聞、網際網路、民權運動、核武、避孕藥的誕生，也不可能預知蘇聯的興衰、爵士音樂興起、百萬美元身價的運動員罷賽、美國不再仰賴進口石油或九一一事件的發生。但如果往另一個方向走過頭了，提供太多泛泛的通則，那麼憲法又缺乏該有的「牙齒」，無法扮演指路明燈，融合不同族群，讓各州團結在單一聯盟之下。因此，他們必須建立一個連貫、一致而恆久的架構，把大家凝聚在一起，避免分裂成一個個獨立的小國，各自結盟，紛紛擾擾，永無寧日。

於是他們發明了一個聰明的方法，即修正案機制。人類史上頭一遭出現這類型機制，美國憲法因此能以有機方式持續演化，當局勢出現開國元老不可能預見的變化時，未來的世代可以因應情勢而做適當調整。同樣重要的是，他們設計修正案機制時，為了確保穩定，創造很高的修改障礙。在一七九一年生效的最初十個修正案（人權法案）之後，接下來的兩百二十年只出現十七個修正案。美國制憲者刻意令修正案十分稀有，必須分別在眾議院和參議院都達到三分之二的多數，並且經過四分之三的州核准才能成立。想想看，從一七九一年到二○一一年發生了多少事情，美國憲法卻只修正了十七次。

制憲者顯然很清楚，必須容許修憲，但他們也知道，偉大的國家必須建立在一以貫之的根本架構上。在瞬息萬變、難以預測的世界中，這點尤其重要。

任何公司、社會、國家、教會、學校、部隊、樂團、團隊或組織都經常陷入兩難，想在延續和改變之間求取平衡。如果不能始終如一，任何企業都無法成功躍升到卓越境界；如果你們在奮發向上的過程中沒有一致的信念和做法，也不能堅持紀律，那麼碰到環境改變時必然備受打擊，把自己的命運交付給無法掌控的外在力量來決定。同樣的，如果沒有經歷建設性的演變過程，企業也無法成功躍升到卓越境界。

我們逐漸明白，為什麼十倍勝公司管理變與不變的巨大張力時，採取的做法十分接近美國開國元勛制定憲法修正案機制的思維。一方面需要明確的規則來引導決策，提供前後一致的長期架構，也需要根據對實務（怎麼做才行得通）的了解，花時間研擬正確的條文。一七八七年，剛創建的美利堅合眾國選派了最優秀的人才到費城開會，花四個月研擬憲法的諸多細節。獨立宣言揭櫫了美國的理想（「我們認為這些真理是不言而喻的……」），但憲法需要考量人與權力實際運作的狀況、各種自我利益的力量與糾葛、監督與平衡的必要性，以及妥協的價值等等，因此憲法必須具備修正的機制。

修改SMaC配方正如同美國憲法修正案機制一樣，如果你根據實證和對實務的深刻理解，制定出正確的配方，這個配方應該可以長期使用；但同樣重要的是，配方必須容許根本改變。你們需要不斷地質疑和挑戰配方，然而同時又極少真正改動它。

能不斷進步的人，往往能逐步邁向卓越，他們懂得釐清哪些做法行得通，能實現摩爾定律，能把西南航空的營運模式推廣到全美國，能破解紅血球生成素的密碼，努力不懈地讓Windows軟體成為業界標準，更能把電腦和MP3播放器設計成連自己都渴望擁有的產品。有些人把大部分心力耗費在「因應變化」上，結果他們只會不斷被動因應環境的變化。諷刺的是，真正為世界帶來重大改變的人，對社會和經濟造成重大衝擊的人，在做法上往往都保持高度一致性。他們並非專斷獨行或食古不化；他們嚴守紀律，創造力豐富，同時抱持建設性的偏執。他們是SMaC！

本章摘要

致勝配方的變與不變

重點

- SMaC代表的是「具體明確、有條理有方法，同時又始終如一」。周遭環境變得愈不確定、瞬息萬變、冷酷無情，就必須愈明確具體、有條不紊、始終如一。
- SMaC配方是一套可長可久的營運做法，是可以一再複製、展現高度一致性的成功方程式；這套清晰具體的做法能讓公司上上下下團結起來，同心協力，對於該做什麼和不做什麼，得到清楚的指引。SMaC配方列出具體可行的做法，並透過實證和洞見反映出背後的原因。西南航空的普特南列出的十要點就是最佳範例。
- 發展出自己的SMaC配方，然後遵從配方，並在必要時修正配方，與十倍勝成功息息相關。此外，還必須展現三種十倍勝的行為模式：以實證為依據的創造力（能發展出SMaC配方，並加以演變）、狂熱的紀律（嚴格遵從配方）、建設性偏執（察覺何時該做必要的修正）。
- 我們研究的對照公司在極盛時期也都有自己的SMaC配方，只有一家例外。

然而他們缺乏充分的紀律，不能以創造性的做法前後一致地執行配方，反而為了因應動盪不安的時代不斷修正配方。

- 修正SMaC配方時，可以只修改其中某項元素或成分，其餘部分則原封不動。就好像憲法修正案一樣，你可以一方面推動戲劇性的變革，另一方面又保持高度的一致性和延續性。如何管理變與不變之間的張力，對任何人類組織而言都是一大挑戰。
- 要修改SMaC配方，有兩個較健全的做法：一、發揮以實證為依據的創造力，比較屬於內在驅動力（先射子彈，再射砲彈）；二、秉持建設性的偏執（先把鏡頭拉遠，然後再把鏡頭推近），比較把焦點放在外部。

意外的發現

- 我們確實有可能發展出可長可久又具體明確的做法，SMaC配方就是如此。
- 十倍勝公司一旦制定了SMaC配方，在我們分析的這段期間，他們平均只會修正一五%的配方（相較之下，對照公司的修正幅度高達六〇%）。十倍勝公司配方中的任一要素平均都維持了二十年以上。這是驚人的發現，尤其是我們研究的公司，無論是十倍勝公司或對照公司，在這段期間都面對快速變動和高度不確定的環境。

●比推動變革更困難的是釐清哪些做法行得通，了解行得通的原因，並把握改變的時機，同時也知道何時不該改變。

關鍵問題

●你們的SMaC配方是什麼？目前需不需要修正？

第七章

重要的不是運氣，而是運氣報酬率

單憑一次幸運，無論是多大的幸運，

都無法造就卓越的企業。

但只要有一次倒楣透頂，就會終結所有的努力。

十倍勝領導人總是假定自己運氣很差，

因此會未雨綢繆，預做準備。

「假如你有一次機會，可以在片刻間抓住你一直想要擁有的一切，你會把握住這個機會嗎？還是就讓它溜走？」

——馬瑟斯三世（Marshall Bruce Mathers III，即歌手阿姆），

〈迷失自我〉（Lose Yourself）

一九九九年五月，戴利（Malcolm Daly）和唐倪尼（Jim Donini）站在阿拉斯加雷霆山（Thunder Mountain）三千呎高、從未有人攀登過的峭壁上，距離峰頂只有幾百呎。戴利要唐倪尼先繫著繩索往上爬，體驗最先攻頂的樂趣，但唐倪尼說：「不，這是你應得的禮物。」幾十分鐘後，戴利吊掛在登山繩索的尾端，腿骨斷裂，為生命展開一場史詩般的辛苦搏鬥，後來他失去一隻腳，人生也從此改變。

戴利往峰頂攀爬，雙手揮舞的冰斧彷彿是他的巨爪，兩腿用力蹬，讓靴子上利刃般的鞋底釘嵌入冰中，有條不紊地在筆直的峭壁上攀爬。他身後拖著長長的安全索（綁在他腰部吊帶上），唐倪尼則待在岩壁的固定位置上，透過摩擦力裝置餵繩索給戴利，如果繩索猛然扯動，摩擦力裝置會立刻收緊繩子，就像發生車禍時汽車安全帶會立刻綳緊一樣。他們的計畫是：戴利先往峰頂爬，沿途架設確保點（主要是把「螺旋冰錐」扭轉鑽進堅硬的冰床中）；等到戴利在峰頂就定位後，再拉住安全索，讓唐倪尼爬上來與他會合。

戴利只需再攀爬十五呎峭壁就抵達峰頂了，這時他摸到一塊岩石，這裡沒辦法安裝確保點。不過，沒問題，最後幾呎看起來很容易。戴利左手扶著突出的岩石，右手摸索著另一個扶手處，心想：「天哪，再一步就到了，就不需要繼續爬了，基本上就成功攻頂了。」

沒想到有塊東西垮了下來。

戴利直直往下掉。

十呎。

二十呎。

冰錐劃過山壁。

四十呎。

一百呎。

還在繼續下墜。

戴利隨著繩索擺動，在山壁上彈來彈去，飛速下墜，登山裝備鏗鏘作響。

他朝著夥伴的身軀撞過去，鞋底釘直接刺進唐倪尼的右臂。

然後急速飛過夥伴身邊。

繼續墜落。

又下降了六十呎。

繩索被什麼尖銳的東西割到，十二條繩芯線有十條斷裂，剩下的兩條也即將斷掉。

戴利跌落山腰，剩下的兩條幾乎只有兩毫米粗的芯線，雖然被拉得又長又細，卻沒有斷裂。戴利停下來，癱軟無力。

「戴利，戴利，你還好嗎？還活著嗎？」唐倪尼大喊，心想戴利大概早已一命嗚呼。

戴利沒有回答。

唐倪尼繼續呼喊。仍然沒有反應。

然後，戴利終於恢復意識。鮮血從頭皮汩汩滴落。他低頭看看，小腿和腳因複合性骨折而變得軟趴趴，發揮不了什麼作用。戴利可以感覺裂開的腿骨末端在相互摩擦。

唐倪尼下降到戴利所在位置，他們想要自救，但很快發現，任何動作都可能讓戴利的複合性骨折惡化，導致他因為流血過多而送命。戴利告訴唐倪尼：「你必須設法求援。」於是唐倪尼把戴利固定在山壁後，獨自垂降三千呎下山。

唐倪尼抵達山下基地營才幾分鐘，就意外聽到一個聲音：在托吉那空中計程包機公司（Talkeetna Air Taxi）工作的朋友羅德瑞克（Paul Roderick）恰好此時駕駛直升機飛越山谷。唐倪尼揮手招呼他降落，於是羅德瑞克直接把唐倪尼載到山區的管理站求援，並立刻展開救援計畫。假如唐倪尼獨自步行求援，勢必會多花好幾個小時。事後證明這幾小時非常重要。等到救援行動安排就緒，暴風雪已逐漸逼近，造成莫大威脅。救難隊必須和天氣賽跑，直升機飛到戴利所在位置，救援人員懸吊在直升機下面，靠近戴利所在的山腰，然後將他拉起。

四小時後，猛烈的暴風雪來襲，足足肆虐了十二天。

是運氣，還是實力？

現在，不妨自問：在這個故事中，運氣究竟扮演什麼角色？

戴利運氣很差，原本似乎站得穩穩的，踏腳處卻莫名其妙突然崩塌，令他墜落深淵。但他運氣也很好，繩索沒有完全斷裂，他沒有在墜落過程中喪命，也沒有害隊友送掉性命。唐倪尼回到基地營時，直升機恰好飛過。還有，假如救援行動耗費的時間超過五小時，戴利就不可能活下來。

不過在這裡我們得先補上故事的其餘部分。

事實上，戴利在事前做了非常充分的準備。他儲備了充裕的物資，多年來累積了豐富的荒野探險經驗，還受過幾千小時嚴格訓練（騎單車、攀岩、跑步、滑雪和登山），鍛鍊出強健的體魄和體能。他也在心理上做好準備，閱讀有關求生的文章，「以防萬一」自己陷入困境、必須為生存搏鬥時能派上用場。事實上，就在這次登山之旅前幾天，他還在閱讀薛克頓（Ernest Shackleton）一九一六年南極探險時如何自救和救回象島隊友的書。他從中學到，一味耽溺於自己的不幸會升高風險。他後來回想：「我很愛我的腳，但無論我做什麼都無濟於事，過度擔心腳傷反而會增加壓力，甚至損害我活下來的機會。所以我把所有的擔憂都束之高閣。」

戴利擬定了求生計畫，決心要活下來。首先，他必須好好保暖，不要讓體溫過低。所以他展開鍛鍊計畫：先讓一條手臂三百六十度畫圈圈，旋轉一百次；然後換手畫圈圈一百下；再仰臥起坐一百下；接著又全部重複一次，完全沒有休息。他非常專心，精準地數著自己做了幾次，不是「將近」一百下，而是不折不扣的一百下。他累了，但仍繼續做運動，把次數降到五十下，最終減為二十下，但始終持續鍛鍊。戴利以驚人的毅力和韌性繼續鍛鍊了四十四個小時，當然，這絕不是靠運氣。

他也找對了登山夥伴唐倪尼。戴利選擇夥伴向來很謹慎，因為他知道想要對抗危險和不確定，最重要的避險手段就是一起登山的夥伴。從巴塔哥尼亞到喜馬拉雅山，唐倪尼曾在山裡待了幾千個日子，也曾在登山史上創下多項令人垂涎的首次攻頂紀錄。全世界能夠在高山上獨自垂降三千呎而沒有踏錯一步的登山高手根本屈指可數，而唐倪尼正是其中之一，即使臂部受傷也一樣。

救援行動展開後，戴利為直升機救援預做準備。他割開背包，把跌斷的雙腳塞進去，到時候會比較容易被拉起；他切開腿上血淋淋且結了冰的護墊；剝除身上殘餘的冰，免得被黏在山壁上。他之所以懂得這麼做，是因為他讀過有關直升機救援的資料。他已經準備好了。

戴利能夠活下來的最重要因素或許是：有一群很愛他的朋友為了救他，不惜冒生命危險。從直升機吊掛下來救他的蕭特（Billy Shot）是這次救援行動的領導人，他和戴利是多年老友。當蕭特打算降落在積雪的斜坡時，無線電通訊突然中斷，在一般情況下，救援行動會自動取消。但蕭特知道，他必須在暴風雪來襲前救好友脫離山區，所以他當場改為以手勢打訊號的通訊模式。蕭特運用冰鎬，在冰天雪地中奮力攀爬到戴利所在位置，幫他扣上纜繩，然後打手勢，要直升機把他們載離山區。蕭特用雙臂環抱戴利。他們懸吊在離地面幾千呎的高空時，蕭特笑容滿面地問戴利：「你知道我是誰嗎？」戴利搖搖頭，他看不到救援者的臉孔。蕭特拉起面罩。「是比利．蕭特啊！」戴利的朋友趕來救他，把他送到安全地方。戴利之所以能活下來，裡面當然有運氣成分，但最後救了他的終究不單是運氣，而是人。

運氣扮演什麼角色？

這個研究的本質（如何在不確定中欣欣向榮、在混亂中領先群倫，以及當世界充滿難以預測、無法掌控的破壞性力量時，我們要如何因應）帶出一個有趣的問題：「運氣究竟扮演什麼角色？」運氣在我們的生存和成功策略中占了多大成分？我們研究和書寫所有關於領導人和其他人的做法，或許只能說明一倍勝和二倍勝之間的差異，運氣卻會造成二倍勝和十倍勝之間的差異。或許十倍勝公司只不過比對照公司幸運許多……當然，也可能並非如此。

於是，我們決定分析運氣的成分，並提出下面三個問題：

一、在十倍勝公司和對照公司的發展史上，運氣是常見因素還是罕見因素？

二、假如運氣真的扮演了某種角色，那麼如何從運氣的角度來解釋十倍勝公司和對照公司不同的發展軌跡？

三、對於運氣這件事，領導人可以採取什麼做法來打造卓越的公司，邁向十倍勝？

但我們首先必須發展出嚴謹而一致的方法來分析運氣，先明確定義什麼是和運氣相關的事件。我們很清楚，一般人想到運氣時都只有模糊的概念，大家喜歡說「當充分的準備碰上好機會，就是運氣」，或「好運總在精心規畫後才不期而至」，或甚至「我愈努力，就愈幸運」。這些常聽到的句子都不夠精確，無法拿來分析運氣真正扮演的角色，所以為了找出具體的運氣事件，我們發展出自己的定義。

我們定義下的運氣事件必須通過以下三個考驗：一、事件的重要面向必須全部或大部分和企業要角的行動無關；二、事件可能會造成重大後果（無論好壞）；三、事件有一些難以預測的成分。

定義的三個部分都很重要。事件的重要面向必須全部或大部分和企業要角的行動無關。例如，戴利和唐倪尼並沒有叫羅德瑞克剛好就在對的時間駕駛飛機經過，他們純粹是運氣好，尤其面臨緊迫的時間壓力，居然還能在暴風雪來襲前，及時將戴利帶離山區。至於事件可能造成重大後果（無論好壞），想想看那兩條未斷裂的繩芯線拉住戴利，讓他不至於繼續下墜！最後，事件必須有一些難以預測的成分：戴利沒有料到，原本似乎很穩的踏腳處卻垮了下來，讓他飛也似地下墜兩百呎。

不過請注意，戴利與唐倪尼故事的其他細節並不符合運氣的定義。戴利四十四小時馬拉松式的仰臥起坐和手臂畫圈展現了強烈的意志力和驚人的體能。唐倪尼能成功沿著山壁獨自下降三千呎，主要憑藉高超的登山技巧和豐富的經驗。戴利的朋友願意冒生命危險來救他，不是他運氣好，而是因為他們知道，如果換成自己身陷險境，戴利也會做同樣的事情。

我們對運氣的定義沒有提及事件的起因。無論運氣來自於偶然的機遇、意外、複雜的動態、天意或任何其他力量，對我們的分析來說都無關緊要。你或許認為，戴利繩索中有兩條繩芯線沒有斷裂純屬偶然，或乃是奇蹟出現。只要事件符合我們定義中的三個條件，無論起因為何，都被我們視為運氣。

誰比較幸運：安進或基因科技？

由於有些事件造成的影響會大於其他事件，因此在我們設計的方法中，會考量每個運氣事件的重要性，並在每一組的分析中審慎維持一致的標準。就以安進及對照公司基因科技為例，我們針對兩家公司分析了四十六個運氣事件，表7-1和表7-2只是其中一部分範例。我們為每家公司列出七個代表性事件，來說明我們的分析方式。

分析運氣不是件容易的事，或許也是嶄新的嘗試。我們針對每個對照組採取一致的分析方式，才能運用以證據為基礎的分析方式來探討這個難以捉摸的主題，我們把焦點放在以下問題：「比起對照公司，十倍勝公司的運氣會比較好，還是比較差？」

表 7-1　安進公司

運氣事件	評價
1981 年：台灣科學家林福坤碰巧看到安進在分類廣告版刊登的小小徵人廣告。安進完全無法控制誰會看到廣告，也沒有料到其中一位應徵者是個天才，能克服萬難和質疑聲浪，領導紅血球生成素基因的研究達到重大突破。安進決定刊登分類廣告不是運氣；林福坤當時剛好在找工作，而且碰巧看到廣告，就是運氣了。	好運 非常重要
1982 年：生物科技業衰退，影響新興公司的投資氛圍和資金選項；這對安進影響重大，因為安進當時正打算讓公司股票在短期內上市。	壞運 普通重要
1983-89 年：安進將紅血球生成素的基因分離出來，被比喻為「彷彿在一哩寬、一哩長和一哩深的湖中找到一顆方糖」。紅血球生成素後來通過臨床試驗，也獲得 FDA 核准。創造成功的生物科技產品總是牽涉到一些運氣的成分，無論研發人員的本領多麼高強，還是有可能馬失前蹄，無法將概念落實為產品，並通過臨床試驗，獲得 FDA 核准。	好運 非常重要
1987 年：競爭對手遺傳學研究院（Genetics Institute）取得專利，安進以專利技術生產紅血球生成素的計畫受阻。安進破解了利用生物工程技術製造紅血球生成素的密碼；遺傳學研究院則獲得從人類尿液製造「天然」EPO 的專利。刊登在《自然》（*Nature*）雜誌的一篇文章總結：「遺傳學研究院聲稱掌握了最後的目的地，而安進則掌握了抵達目的地的唯一途徑。」這樁意外事件破壞了安進充分運用突破性科技的能力。	壞運 非常重要
1991 年：美國聯邦巡迴法院上訴法庭推翻了法院原本的判決（即安進與遺傳學研究院的爭議中判定安進敗訴的判決），美國最高法院也拒絕受理遺傳學研究院的上訴，安進大獲全勝。安進透過打官司展開聰明而猛烈的自我辯護，絕不是靠運氣；但法院如何判決，以及最高法院是否同意對方上訴，就完全不是他們所能決定的，這裡面就有運氣的成分。最後的結果跌破許多觀察家的眼鏡，他們原本認為安進不可能勝訴，應該設法和解。	好運 非常重要
1995 年：抗肥胖基因瘦體素（leptin）沒能成為成功的商品。原本瘦體素的市場潛力非常龐大，假如瘦體素真的有效，人們就可以靠服藥來降低食欲，減輕體重。但安進研發的藥物對患者的效用有限，不足以支持進一步的開發，因此安進停止了後續的臨床試驗。	壞運 普通重要
1998 年：巨核細胞生長發育因子（MGDF）可在化療時減少血小板流失，原本有潛力成為「全壘打」產品，在 2000 年創造 2.5 億美元佳績，可惜在臨床試驗時發現有些病人會產生抗體，抵消藥效。	壞運 普通重要

表 7-2　基因科技公司

運氣事件	評價
1975 年：金融家斯萬生和分子生物學家波以耳（Herbert Boyer）初次見面時，兩人都恰巧在對的時間（科學進步使得基因重組變得可行）出現在對的地方（舊金山灣區）。他們一拍即合，很快結為好友，他們深知，多虧幾股力量匯聚在一起（創投業興起，基因重組技術突飛猛進），才能促成史上第一家生物科技公司的誕生。他們創辦這家公司不是靠運氣，但恰好在對的時間出現在對的地方，就有一點運氣的成分了。	好運 非常重要
1980 年：美國《時代》（*Time*）雜誌以全頁篇幅報導基因科技公司即將股票上市的消息。基因科技的表現遠遠超乎預期，成為現代商業史上第一批股市超級新星之一，股價在一天之內上漲了 150%（從 35 美元竄升到 89 美元），可說是當年的網景（Netscape）或 Google。基因科技首度公開發行股票就非常成功，並不是靠運氣；但股價在一天之內飛漲 150%卻完全出乎意料之外，是無法控制的幸運事件。	好運 普通重要
1982 年：基因科技成功以基因剪接技術開發出具市場可行性的 DNA 重組藥物（人體胰島素），並獲得美國 FDA 核准，這在業界可說是創舉。基因科技公司能找到基因剪接的方法，絕不是靠運氣；但其他人沒有搶在他們之前開發出這項技術，則有一點運氣的成分。基因科技公司成功開發出新產品，也不是靠運氣；然而能順利通過臨床試驗，並獲得 FDA 核准，則很幸運。	好運 非常重要
1982 年：生物科技產業出現衰退，影響投資意願；基因科技的股價從初上市時的高點 89 美元跌落到 35 美元，提高了資本成本。產業衰退影響重大，因為當時基因科技的獲利還不到 100 萬美元，需要仰賴股市來挹注突破性研發計畫的經費。	壞運 普通重要
1987 年：基因科技公司的重大發現 t-PA（Activase，中文藥名「阿替普酶」）通過臨床試驗，也獲得 FDA 核准。由於這種新藥能在心臟病發初期就加以控制，潛在市場十分龐大。哈佛大學醫學系主任表示，t-PA 對心臟病發的療效，「就好像盤尼西林對感染的療效一樣」。阿替普酶被視為生物科技產業發射的第一發巨型砲彈，是「有史以來最成功的新藥」、「生物科技業的超級明星」，基因科技公司可能因此躍升為第一家突破 10 億美元營收大關的生物科技公司。	好運 非常重要
1989 年：《新英格蘭醫學期刊》（*New England Journal of Medicine*）刊登了一篇文章，拿 t-PA 來和其他較保守的療法及另類療法相比較，質疑 t-PA 的療效。基因科技公司無法控制外界做什麼研究，而《新英格蘭醫學期刊》的良好聲譽更提升了這件事的意義。	壞運 非常重要
1993 年：有一項名為 GUSTO 的研究成果和早期研究的發現相反，他們發現基因科技的 t-PA 確實比另類療法拯救了更多病患的性命，於是 t-PA 重新得到市場支持，市占率躍升為 70%。基因科技會贊助 GUSTO 的研究不是靠運氣，但這項研究證實了 t-PA 的療效，確實有運氣的成分在裡面，因為這類研究的結果還是有可能不符贊助商原本的希望。	好運 非常重要

這些分析成果令我們愈來愈興奮，也愈來愈好奇資料還透露出哪些事情。畢竟就我們所知，過去從來沒有人採取這樣的方式來研究運氣，因此不知道還會出現哪些證據。我們根據定義，為十倍勝公司和對照公司找出兩百三十個重要的運氣事件，並有系統地加以編碼。所有的公司都有運氣好的時候，也都曾壞運纏身，但運氣真的在十倍勝成功的過程中造成很大的分別嗎？運氣真的是十倍勝公司成功的原因，扮演了決定性的角色嗎？

為了探討這個問題，我們採取了好幾個不同的觀點（請參見附錄K）。我們先思考十倍勝公司是否真的比對照公司更幸運。大體而言，答案為否。在我們分析的這段期間，十倍勝公司平均經歷了七次幸運事件，對照公司則平均八次。沒有證據顯示十倍勝公司比對照公司更幸運（請參見表7-3）。

然後我們思考，與十倍勝公司相較，對照公司會不會運氣比較差？大體而言，答案是不會。我們的分析顯示兩者碰到的壞運都差不多，每一組平均都有九樁運氣不好的事件。（請參見表7-4）

我們再思考，有沒有哪個單一重大幸運事件，幾乎能合理說明為何十倍勝公司會遙遙領先對照公司？但我們只有在英特爾與超微這個對照組中看到這種情況（IBM個人電腦決定採用英特爾微處理器），而超微則沒有碰到類似的重大幸運事件。但即使在這個例子中，我們仍然不能單單用這個重大幸運事件來解釋為何英特爾三十年來一直很成功，尤其是英特爾其實從一九七〇年代初期，就已贏得「英特爾說到做到」的好名聲。

表 7-3

對照分析的公司	重要的幸運事件數	
	十倍勝公司	對照公司
安進和基因科技	10	18
生邁和科士納	4	4
英特爾和超微	7	8
微軟和蘋果	15	14
前進保險和塞福柯	3	1
西南航空和 PSA	8	6
史賽克和美國外科手術	2	5
平均	7	8
總計	49	56

表 7-4

對照分析的公司	重要的壞運事件數	
	十倍勝公司	對照公司
安進和基因科技	9	9
生邁和科士納	7	4
英特爾和超微	14	11
微軟和蘋果	9	7
前進保險和塞福柯	8	10
西南航空和 PSA	13	13
史賽克和美國外科手術	5	6
平均	9.3	8.6
總計	65	60

大體而言，十倍勝公司和對照公司都碰過運氣特別好的情況，也都經歷過運氣很差的情況；我們找到的證據無法證明十倍勝公司之所以勝出，是因為一次特別幸運的重大事件。

最後，我們分析了運氣在時間上的分布，想知道十倍勝公司是否從早期就特別幸運，而對照公司則在草創初期還沒機會站穩腳步時就壞運連連。或許從一開始運氣就特別好，讓十倍勝公司從此一帆風順，邁向卓越。但我們還是沒有看到有意義的差異。十倍勝公司並沒有在創業初期就特別幸運，對照公司也沒有從一開始就運氣特別差。十倍勝公司之所以勝出，不是因為他們及早掌握優勢或運氣特別好，大體而言，他們並不具備這兩個條件。

我們分析時，在區分運氣和成果時格外謹慎。企業有可能運氣不佳，但仍創造出好的成果，同樣的，企業也有可能浪費了他們的好運氣，以至於成果不如人意。十倍勝公司和對照公司真正的差別不是表面上的運氣好壞，而是他們如何因應碰到的好運和壞運。

所有的證據加總之後，我們發現，一般而言，十倍勝公司並不會比對照公司更幸運。十倍勝公司和對照公司都會碰到好運和壞運，而且數量也差不多。我們從諸多證據得到的推論是，運氣不是導致十倍勝公司如此成功的原因，人的因素反而更重要。所以，關鍵問題不是「你們的運氣好不好」，而是「你們能不能從運氣中獲得高報酬」。

什麼是最重要的運氣？

一九九八年，安進董事長班德（Gordon Binder）在紐康門協會（Newcomen Society）發表演說時，談到「安進故事中的決定性時刻」。他挑選的是哪個關鍵時刻呢？安進早期獲得創投資金的時刻？首度公開發行股票的時候？熱門產品紅血球生長素獲得FDA核准上市？還是其他重要產品推出之時？

都不是。台灣科學家林福坤碰巧看到安進的徵人啟事，並決定應徵，才是他口中的「決定性時刻」。

一九八二年的某天清晨，天光還未破曉，拉斯曼就驅車到安進公司。他在停車場看到實驗室的燈還亮著，心想：「一定有人昨晚離開時忘了關燈。」當他走進實驗室關燈時，卻發現林福坤在那兒埋首研究，整夜都沒有離開。林福坤為人十分謙和，非常有耐性，對工作全力以赴，毫不懈怠。他為了研究如何複製紅血球生長素基因，在將近兩年的期間內幾乎全年無休，每天工作十六小時。他以唐吉軻德般的精神，努力解開這個極端困難、旁人避之唯恐不及的問題。林福坤回顧那段日子時說：「其他同事會對我的助理說：『你怎麼這麼呆，和這個人一起工作，他的研究計畫不會有任何結果。』」

假如林福坤沒有看到那則徵人啟事呢？假如他選擇到其他地方工作呢？安進

還能開發出生物科技產業第一個價值十億美元的熱門產品嗎？

我們總是喜歡從「發生了什麼事」的角度來思考運氣：直升機恰好在對的時間飛過；首度公開發行股票非常成功，成績遠超過原本的預期等等。然而運氣最重要的展現形式不在於「事」，而在於「人」。比方說，在家族企業中，下一代是否有能力領導公司邁向卓越，有相當大的成分要看運氣好不好。前進保險公司剛開始只是美國俄亥俄州克利夫蘭市的一家小型家族企業，但企業主的下一代中出了一個傑出的十倍勝領導人路易斯，在一九六五年接班掌管家族企業。

本研究一開始設定的前提是：我們生活在混亂而不確定的環境中。但環境本身無法決定為何有些公司欣欣向榮，其他公司卻無法亂中求勝，真正的決定性要素是人。唯有人，才能堅持狂熱的紀律，重視實證，富於創造力，抱持建設性的偏執。也唯有人能夠領導、打造團隊、建立組織、塑造文化、展現價值、追求目的，達成膽大包天的目標。

在我們能獲得的所有運氣中，與人相關的幸運（找到對的良師益友、合作夥伴、團隊成員、領導人）是最重要的運氣。

用好運創造高的運氣報酬率

比爾．蓋茲為何能成為十倍勝領導人，在個人電腦革命的浪潮中，成功建立起一家卓越的軟體公司？

你或許覺得蓋茲原本就特別幸運。他恰好誕生在富裕的美國中產階級家庭，爸媽有能力送他去念私立學校。家人幫他在西雅圖的湖濱小學註冊，學校買了一部可以與電腦連結的電傳打字機，於是蓋茲用它來學習撰寫程式，對於一九六〇年代末期和一九七〇年代初期的學校來說，這是非常罕見的情況。他生逢其時，當時正好微電子技術快速發展，帶動個人電腦革命。假如晚生十年或五年，他就錯過了這個大好時機。而且蓋茲的好友艾倫（Paul Allen）恰好讀到《大眾電子》（*Popular Electronics*）雜誌一九七五年一月的封面專題〈全世界第一套足以與商用電腦匹敵的微電腦套件〉，談的是由阿布奎基市一家小公司設計的 Altair 電腦。蓋茲和艾倫想要把培基程式設計語言（ＢＡＳＩＣ）變成可以用在 Altair 上的軟體，這樣一來，他們將是世界上最早開始銷售這類個人電腦產品的先驅者。蓋茲後來進入哈佛大學就讀，而哈佛恰好有一部 PDP-10 電腦，他可以用來開發軟體，測試構想。哇，蓋茲還真是特別幸運，不是嗎？

沒錯，蓋茲很幸運，但幸運不是蓋茲之所以成為十倍勝領導人的原因。

不妨思考一下接下來幾個問題：

出生於美國富裕家庭的孩子，是不是只有蓋茲一個？
是不是唯有蓋茲誕生於一九五〇年代中期，讀私立中學，而且學校還有電腦可用？
一九七〇年代中期，是不是只有蓋茲就讀的大學擁有電腦資源？
是不是只有蓋茲的好朋友讀到《大眾電子》雜誌那篇文章？
是不是只有蓋茲懂得用培基語言撰寫程式？

不是，不是，不是，不是，不是。

在那個年代，湖濱小學或許是最早讓學生使用電腦的學校之一，卻不是唯一這樣做的學校。一九七五年，蓋茲在擁有電腦的名校中或許是數學和電腦科目的資優生，但當年在哈佛大學、史丹佛大學、普林斯頓大學、耶魯大學、麻省理工學院、加州理工學院、卡內基美隆大學、柏克萊加大、UCLA、芝加哥大學、喬治亞理工學院、康乃爾大學、達特茅斯大學、南加大、哥倫比亞大學、西北大學、賓州大學、密西根大學，或其他同樣擁有電腦資源、甚至電腦資源更豐富的名校中，蓋茲不是唯一的數學及電腦神童。他也不是唯一懂得用培基語言撰寫程式的人，培基語言早在十年前就由達特茅斯大學的教授開發出來，到了一九七五年，已是十分有名的程式語言，廣泛應用於學術界和產業界。更遑論在《大眾電子》雜誌的文章面世那天，其他許許多多主修電機工程和電腦科學的碩士生和博士生了，他們都比蓋茲更懂電腦，其中任何一個人都有可能痛下決心放棄學業，創立一家個人電腦軟體公司，當時已任職於電腦業或學術界的許多電腦專家又何嘗不是呢！

但是，他們之中有多少人會推翻自己原本的生涯規畫，（幾乎不眠不休、廢寢忘食地）為 Altair 電腦埋首撰寫程式呢？有多少人會不惜違背父母期望，中輟大學學業，搬到阿布奎基市創業（新墨西哥州的阿布奎基耶）？有多少人會為 Altair 電腦寫好程式，完成偵錯，比其他人都搶先一步做好出貨的準備？

幾千人都有可能在相同的時間和蓋茲做同樣的事，然而他們都沒有這樣做。

蓋茲之所以有別於其他條件同樣優異的人，不是因為運氣特別好。沒錯，蓋茲很幸運能在對的時候出生，但其他還有許多人和他同樣幸運。沒錯，蓋茲很幸運，早在一九七五年就有機會學習程式設計，不過還有許多人和他同樣幸運。蓋茲比其他人更善用他的好運氣，結合所有的幸運，創造出極高的運氣報酬率。這是蓋茲和其他人的重要差別。

不單單只有運氣

我們剛開始分析運氣時，有幾位同事表示：「如果你無法製造運氣，如果依照定義，運氣原本就不是我們能控制的，那麼何必還要花時間思考運氣、研究運氣呢？」沒錯，無論我們喜不喜歡，好運或壞運都會降臨到我們頭上。但當我們檢視十倍勝公司時，看到像蓋茲這樣的領導人能夠察覺運氣並掌握運氣，他們比其他人更懂得利用幸運事件。十倍勝領導人有能力在重要時刻從幸運中獲得高報酬，這正是他們能脫穎而出的關鍵，而這種能力會創造加乘效果。他們先把鏡頭拉遠，認清什麼時候好運降臨，並思考是否應該為此推翻原本的計畫。想想看，假如蓋茲讀完《大眾電子》雜誌的文章後，對艾倫說：「我目前只想專心投入哈佛的學業，也許我們再等幾年吧，到時候我就準備好了。」

接下來，我們會把圖7-1當做本章的組織架構。每個人都會碰上好運或壞運，但十倍勝領導人更善用他們碰到的運氣。蓋茲的故事顯示，圖右上方的象限能從幸運中獲得較高報酬。

關於運氣，我們碰到兩種截然不同的觀點。第一種觀點認為，超乎尋常的成功只能用運氣特別好來解釋，大贏家往往是連串拋擲硬幣後的幸運獲益者。畢竟假如你把一百萬隻猴子關在房間裡拋硬幣，由於機率使然，總會有某隻猴子連續拋五十次硬幣，碰巧都出現正面朝上。從這個角度看來，像蓋茲這種人就是連續拋五十次硬幣，都碰巧出現正面朝上的幸運兒。第二種極端的觀點認為，我們能否生存和成功與運氣毫不相干，而是不斷精進技能、有充分準備、加上努力和毅力的成果。抱持這種觀點的人完全漠視關於運氣的種種不容否認的事實：「我的成功和運氣毫不相干，我成功是因為我真的很厲害。」從這個角度看來，蓋茲即使在文化大革命時期出生在共產黨統治下的中國農家，仍然會是今天的蓋茲。

圖 7-2

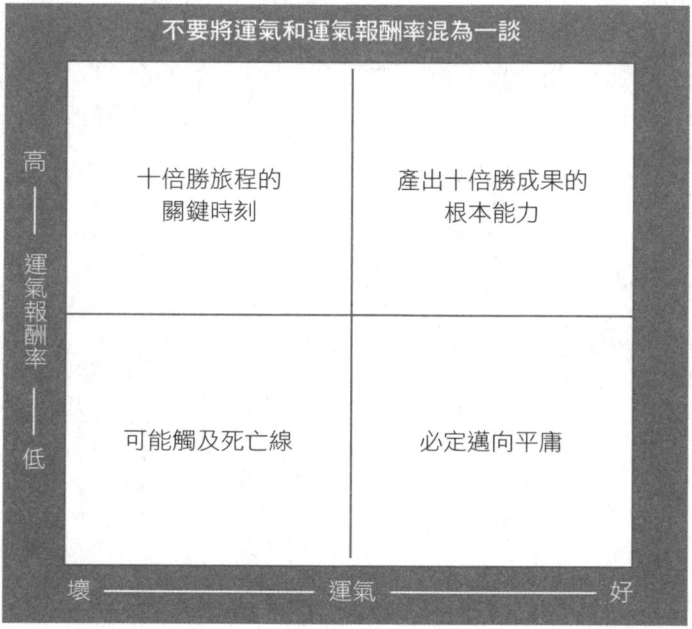

我們的研究結果不支持這兩種極端的觀點。一方面，我們不能否認有些人的人生從一開始就站在比較幸運的立足點上。另一方面，單憑運氣本身無法充分說明為何有些人能建立卓越公司，有些人則辦不到。我們的研究不是僅僅分析單一事件或短時間，而是深入檢視至少連續十五年以上都表現卓越的公司，以及打造這家公司的領導人。綜觀我們為本書及過去幾部關於卓越企業的書所做的研究（裡面探討了七十五家大企業的發展史），我們從來不曾發現任何純粹因為運氣好而持續表現卓越的案例。

但同樣的，我們也從來不曾看到任何一家卓越企業在發展歷程中，完全沒碰到幸運的時刻。兩種極端的觀點（一切全靠運氣或完全不靠運氣）都各有支持的證據。因此，或許我們應該採取兼容並蓄的觀點：運氣報酬率。

要獲得較高的運氣報酬率，你必須有強烈拚勁，願意打亂生活規畫，絕不懈怠。蓋茲沒有因為運氣好就開始放大假，把籌碼換成現金。他繼續督促、推動、努力工作，保持每日二十哩行軍的速度；發射子彈，然後是砲彈；抱持建設性的偏執，避免觸及死亡線；發展和修正SMaC配方；網羅最優秀的人才；塑造重視紀律的文化；從來不偏離焦點，二十幾年來始終如一、努力不懈。他的成功絕對不是靠運氣，而是靠很高的運氣報酬率。

對照公司：浪費了難得的幸運

當我們回過頭來觀察對照公司時，我們看到他們碰到很多重要的幸運事件，但大體而言，整體的運氣報酬率卻偏低。有的對照公司極不尋常地碰上一連串好運，卻有本事把好運氣揮霍殆盡。

一九九〇年代中期，多年來一直是輸家的超微碰到一連串幸運事件。首先，聯邦陪審團裁決超微並未抄襲英特爾微處理器，這是超微的一大勝利，他們因此有機會善用客戶日益高漲的反英特爾聲浪。當時電腦製造商因為一直受制於強大的英特爾而十分氣惱，都非常渴望能找到替代的微處理器貨源。超微開發的K5晶片正面迎戰英特爾的Pentium，客戶開始對超微下訂單。正當超微逐漸累積動能、締造銷售紀錄、削弱英特爾勢力之時，千載難逢的好運又降臨了：由於當時媒體大幅報導英特爾晶片浮點運算的瑕疵，IBM決定把採用英特爾 Pentium 晶片的電腦延後出貨。英特爾後來宣布耗資四億七千五百萬美元，為顧客更換 Pentium 晶片。這件事發生的時候，正值科技熱潮推動晶片需求巨幅成長。

那麼，幸運的超微有什麼反應呢？

「超微的主帆出現裂縫，我們沒能把握機會，迎頭趕上。」桑德斯在一九九五年公司年報中寫道，「我們主帆上的裂縫是第五代微處理器 AMD-K5 遲遲未能上市。」K5計畫落後進度幾個月，客戶逐漸回頭去找英特爾供貨，超微銷售業績因此下滑了六〇%。等到超微終於解決K5的問題，英特爾已經著手開發下一代微處理器了。超微又被淘汰出局。

後來，超微又莫名其妙碰上好運。首先，有個名叫 NexGen 的公司開發出嘗試與英特爾抗衡的新一代微處理器，而且（超微運氣真好）NexGen 現金短缺，只好設法尋找友善的買主。超微買下 NexGen，再度回到競賽場上。事實上，AMD-K6 在執行 Windows 作業軟體時，似乎比英特爾的 Pentium Pro 速度更快，也更便宜。其次，這時候整個電腦產業恰好大轉彎，改為偏好超微晶片，因為一千美元以下的電腦在市場上大行其道，成為成長最快的熱門產品，AMD-K6 晶片正好適合這個新潮流。超微再度面對完美情境：客戶希望削減英特爾的力量，超微從偏好廉價電腦的新市場潮流中得利，AMD-K6 恰好在對的時機出現，在史上最龐大的科技熱潮中一躍成為理想產品。

然而……超微沒有把握住大好良機，沒辦法生產充足的晶片來滿足市場需求。客戶很支持超微，他們真的很想找到英特爾的替代貨源，卻因為超微遲遲無法解決晶片製造的問題並穩定供貨，而回頭去找英特爾。

雖然超微在最好的時機碰到超乎尋常的好運，從一九九五年初到二〇〇二年底，超微股價表現遠遠落後大盤七〇％以上。

超微的故事正充分反映出我們在對照公司身上觀察到的共同模式，在我們分析的期間，他們雖然運氣很好，卻白白浪費了好運氣。他們在需要善用好運時，馬失前蹄。他們不是因為運氣不好而失敗，而是因為缺乏執行力才失敗。

一九八〇年，ＩＢＭ積極為開發中的個人電腦尋找適當的作業系統。如今大家都知道，這件事成為微軟發展史上的轉捩點，但ＩＢＭ剛開始搜尋作業系統時，原本很可能出現截然不同的結果。當時微軟沒有開發作業系統，甚至也不打算跨入作業系統領域，而加州一家名叫數位研究（Digital Research）的公司已經在個人電腦領域建立標準，理應在這場競賽中遙遙領先。由於數位研究公司並未上市，因此沒有被我們納為研究分析的對照公司，但他們的故事仍然值得在這裡分享，以凸顯「當時機來臨時，你會把握住這個機會嗎？還是白白讓它溜走？」的問題。

數位研究公司曾開發出 CP/M 軟體，這在非蘋果體系的個人電腦作業系統中取得領先地位。所以，ＩＢＭ高階主管親自飛到數位研究公司辦公室討論合作的可能性。但由於數位研究公司執行長基爾代爾（Gary Kildall）當天已經安排了舊金山灣區的會議，所以他親自駕駛私人飛機飛到舊金山，委託同事先和ＩＢＭ主管開會。等到基爾代爾駕駛飛機從舊金山趕回來時，會議已經朝負面方向發展。ＩＢＭ人員離開時，對數位研究公司印象平平，基爾代爾則離開公司去度假。至於那天的會談為何不成功可說眾說紛紜，結果是深感挫折的ＩＢＭ掉過頭去找微軟。微軟明白這是公司發展的關鍵時刻，他們全力以赴，在緊迫的時間壓力下，為ＩＢＭ個人電腦即時開發出作業系統。

數位研究公司擁有不可思議的好運氣，在對的時機剛好在對的位子上，因此吸引ＩＢＭ前來叩門。但數位研究公司沒能從好運氣中得到高報酬，微軟卻辦到了。

十倍勝的祕訣：把壞運氣變好結果

一九八八年十一月八日，路易斯接到一個撼動整個保險業的大消息，加州選民通過一〇三號提案，這是對汽車保險公司的懲罰性攻擊，要求保險業者降價二〇％，並退款給顧客，全世界最大的汽車保險市場立刻陷入混亂。加州是前進保險公司的重要市場，幾乎有四分之一的營業額來自加州，所以，短短一天內，以五一％的票數險勝的結果令前進保險公司嚴重受創。

於是，路易斯把鏡頭拉遠，問道：「到底發生了什麼事？」他打電話給普林斯頓大學的老同學奈德（Ralph Nader）。奈德長期以來一直積極參與消費者保護運動，甚至曾領導被暱稱為「奈德奇兵」的特殊團體，致力於推動改革，他也是一〇三號提案的支持者。路易斯從他那裡得到的訊息是：民眾痛恨你們。民眾很不喜歡和汽車保險公司打交道，因此他們開始反抗，運用手中的選票發出怒吼。路易斯表示：「民眾在說：『我們很討厭你們，我們會摧毀你們，而且我們一點也不在乎。』」這些話有如當頭棒喝，於是路易斯召集部屬，告訴他們：「我們的顧客真的很討厭我們。」他要求部屬把公司變得更好。

路易斯開始把一〇三號提案視為上天的恩賜，他可以藉此深化公司的核心信念，降低經濟成本的同時，也減輕車禍造成的創傷。於是，前進保險公司設立「立即回應」理賠服務。無論車禍在什麼時間發生，前進保險每天二十四小時、每週七天、每年三百六十五天，隨時都保持待命狀態，準備提供保戶協助。負責調查損失及估算理賠金額的理算師會開著休旅車或廂型車到保戶家或車禍現場，立即展開工作。到了一九九五年，有八成的時候，在車禍發生的二十四小時內，前進保險的理算師已經和顧客碰面，準備開支票支付理賠金。

一九八七年，也就是一〇三號提案通過前一年，前進保險在美國個人乘客汽車保險市場上排名十三；到了二〇〇二年，已經躍升為第四位。多年後，路易斯稱一〇三號提案為「我們公司所碰過最棒的一件事」。

前進保險公司和路易斯的遭遇正說明了當十倍勝公司碰到挫敗和不幸時，他們為何仍能發光發熱，將壞運氣變成好結果。十倍勝領導人能將碰到的困難轉變為深化信念與價值觀、加強紀律、發揮創造力和提高建設性偏執的催化劑。

我們進行本書研究時，讀到一份針對加拿大曲棍球員的分析，研究人員從中找到出生日期和運動成就的關聯性，出生在下半年的球員不如出生在上半年的球員那麼成功。十歲九個月大的孩子和十歲大的孩子無論體格或速度的差別都很大，由於加拿大所有分齡曲棍球賽都把年齡分界線訂在一月一日，年初出生的男孩可能比年底才出生的男孩在體能上更占便宜，因此會較快在球場上有優異表現，也較受教練青睞。作家葛拉威爾（Malcolm Gladwell）出書發表了這些發現，他指出，即使在成年人的國家曲棍球大聯盟（NHL），仍然可以看到相同型態，如果觀察加拿大職業曲棍球員的出生日期分布，會發現出生在上半年的球員占七成，出生在下半年的只占三成。

但如果進一步研究這些資料，又會對少數躋身曲棍球名人堂的偉大球員（十倍勝運動員）有了截然不同的推論。（和一般NHL職業球員比起來，能躋身曲棍球名人堂的球星是更優秀的少數菁英。每年只有四位傑出球員能躋身名人堂，考量的是他們整個職業生涯的表現。）事實上，加拿大出生的名人堂球星有半數是在下半年出生（請參見附錄L）。現在請想一想，如果加拿大的NHL球員在上半年出生的數目比在下半年出生的多很多，然而躋身名人堂的加拿大球員中有半數在下半年出生，這可就有意思了：出生在下半年的那些「運氣不好」的加拿大ＮＨＬ球員，卻比那些出生在上半年的「幸運兒」有更高機率可以躋身名人堂！

就以十二月出生的波爾克（Ray Bourque）為例，他出身窮苦人家，在工人階級聚居的社區長大，家中孩子眾多，「從地板到天花板擠在幾張雙層床上」，單單擁有冰鞋這件事就令他興奮得不得了。波爾克熱愛曲棍球，連睡覺都抱著冰鞋，自己還在家中地下室打造了一個滑冰場，練習射門不下幾千次，使勁把球打到牆壁上球門，力道之大，連牆壁都打裂了，雨水會滲進來，波爾克的父親只好用填縫料修補牆壁。波爾克長期堅守工作倫理；他在邁向ＮＨＬ名人堂的職業生涯中，每場比賽的上場時間大都超過三十分鐘，有時候甚至是隊友上場時間的兩倍，反映出他一直以驚人的紀律自我鍛鍊體能。他連續十九年都入選ＮＨＬ明星賽，退休時被譽為ＮＨＬ史上技巧最高超的得分後衛。波爾克是天生運動好手，他的球技很可能在青少年時期就已高人一等，但沒有幾個人能像他那樣，在整個職業生涯中不斷證明自己有辦法創造十倍勝。「追求目標的路上一定會面臨障礙和挑戰。」他曾經說：「一路上不要找任何藉口，也不要怪罪他人。」波爾克在邁向成功的路上，有好運也有壞運，但他並非靠運氣才成為史上最傑出的曲棍球員。

你或許會想：「但波爾克是例外。」

完全正確。重點在於如何成為例外。

尼采有一句名言：「無法摧毀我的只會令我變得更加堅強。」每個人都有運氣不好的時候，問題是怎麼樣利用壞運氣讓自己變得更堅強，於是把壞運氣變成「我們所碰過最棒的事情」，而不要讓它成為自己的心理牢籠。十倍勝成功者正是如此。

壞運氣加壞報酬率的加乘影響

西南航空的第一任執行長穆斯曾經在著作《西南之路》（*Southwest Passage*）中描述：「西南航空成立後的第一個星期日早晨，我們險些闖下大禍……飛機在跑道上起飛後，右邊的推力反向器突然啟動了。多虧機長靈敏的瞬間反應，他重新控制住飛機，急轉彎後，靠單引擎緊急迫降。」雖然機長表現英勇，但萬一他沒有辦法止住飛機在半空中水平旋轉呢？萬一這架七三七飛機在西南航空開始打造品牌的第一週就墜落撞毀呢？今天還會有西南航空公司嗎？

只有一種真正決定性的運氣，就是會終結整個賽局的運氣。假如西南航空錯過了拓展新據點的機會，或沒能在新機場多掌握幾個登機門，仍然可以蛻變為卓越公司。但如果西南航空在開始營運的第一週，就因為墜機而被淘汰出局，那麼他們很可能永遠沒有機會成為一家卓越公司。還記得尼采名言的上半句：「無法摧毀我的……」

好運和壞運之間有一種有趣的不對稱關係。單憑一次幸運，無論是多大的幸運，都無法造就卓越的企業。但只要一次倒楣透頂、運氣太差，就可能觸及死亡線；或連連遭逢厄運帶來的災難性後果，也會終結所有的努力。

一九七〇年代末和一九八〇年代初，PSA和西南航空都同樣厄運連連，辛苦掙扎。當時能源危機推升燃油價格，兩家公司都深受重創；兩家公司也同樣經歷了航管人員罷工的衝擊，更同時面臨嚴重衰退和通貨膨脹（對航空公司而言，情勢尤其嚴峻），利率飆升導致飛機租賃成本增加，兩家公司都深受其害；兩家公司也都意外更換了執行長。PSA總裁巴克利（Paul Barkley）在一九八二年指出：「還不到兩年的光景……感覺卻好像已經過了十年。」從一九七九到八五年，PSA陷入自我毀滅的命運環路，不設法降低成本，反而拚命提高價格；不斷裁員與尖銳的勞資衝突摧毀了企業文化；債台高築，令資產負債表愈來愈不健全；新上任的執行長放棄了原本的SMaC致勝配方，獲利變得極不穩定。PSA的壞運報酬率非常差，結果距離西南航空公司愈來愈遠，永遠追趕不上。

假如每個人拋擲硬幣都會得到正面朝上（好運）和反面朝上（壞運）的不同組合，而且經過一段長時間後，正面朝上與反面朝上的比率會漸趨一致，那麼我們必須變得更有能力、更強壯，做好充分準備，具備高度韌性，才能長期忍受壞運氣的衝擊而不被擊垮，最終盼到好運臨頭。戴利必須運氣夠好，才能從高山墜落還能活命，但他也必須在直線墜落兩百呎、連續四十四小時身陷險境前，就具備充分的技巧、體能和韌性，才能存活下來。西南航空的機師必須在推力反向器啟動前，就具有高超的駕駛技術和做好危機處理的準備，西南航空公司也必須在一九八〇年代初期遭逢一連串壞運之前，就已經有堅強的意志和韌性。

我們在第五章曾討論過，十倍勝領導人會以建設性的偏執，加上以實證為依據的創造力和狂熱的紀律，來擴大安全邊際。只要你留在賽局的時間夠久，好運總會再度降臨，但如果你被淘汰出局，就永遠沒有機會成為幸運兒。好運總是偏愛能堅持到底的人，但唯有先設法存活下來，才有辦法堅持到底。

避險手段的運用

十倍勝公司生邁的創辦人米勒在一九七七到八二年公司草創時期，採取極度精簡的營運方式，希望在公司羽翼未豐時，為可能遭遇的困難預先保留緩衝的餘地。

當時米勒和三位同事辭掉工作，拿出個人積蓄來創業，每天在穀倉改造的破舊辦公室裡工作十二到十六小時，連週末都不例外，穀倉牆壁上還打了個洞，以便連結作為倉庫的活動房屋。他們夏天盡量不開冷氣，以節省電費，員工埋首於摺疊桌工作時，汗珠不斷從鼻頭滴落。米勒有一次為了籌募資金而出差時，為了省錢，和同事一起借宿在長老教會的汽車房屋裡，用冰冷的水沖澡。還有一回，米勒注意到公司後面有一片空地，於是他想到一個好主意：何不養幾頭牛呢？反正草地空在那裡也沒用，乾脆讓牛兒吃草。如果公司現金用光了，他們還可以把牛宰來吃，以度過難關。於是他們養了三頭牛，生邁公司也成為醫療器材業中第一家以養牛為避險手段的公司。

生邁必須熬過五個艱困年頭，才能獲得充足的外部資金挹注，在這期間，他們一直嘗試開發各種可能的產品，自己養牛吃、洗冷水澡，因此即使屢遭創投家拒絕，仍然活了下來。即使外包廠商沒能及時出貨供應生邁需要的零件，生邁仍然活了下來；雖然重要通路拒絕和他們合作，生邁仍然活了下來。由於存活的時間夠久，生邁的植體產品終於愈來愈受歡迎，達到超越同業十一倍的好績效。

管理運氣的策略與智慧

人生不會提供我們任何保證，卻能提供我們克服萬難、甚至管理運氣的策略。「運氣管理」基本上牽涉到四件事：一、培養拉遠鏡頭、放寬視野的能力，當好運（或壞運）來臨時才能看清楚；二、具備充分的智慧，知道什麼時候應該因為意外的機遇而推翻原本的規畫，什麼時候不要這樣做；三、每個人都不可避免會有倒楣的時刻，因此要為長期承受壞運做好充分準備；四、無論碰到好運或壞運，都要設法從中得到正面的回報。

運氣不是策略，但設法得到高運氣報酬率則是策略。

那麼，怎麼樣才能創造最高的運氣報酬率呢？事實上，各位在前面幾章已經讀到許多，別忘了本研究最初的前提：人生原本就充滿不確定，各種無法預測也難以掌控的巨大力量都會對我們造成衝擊。運氣也是人生中難以掌控、影響深遠的不確定要素。的確，我們甚至可以將整個研究的架構，都圍繞在運氣和如何獲得高運氣報酬率上。

在此不妨先回顧一下前面讀過的重點：

十倍勝行為模式：十倍勝公司有狂熱的紀律、以實證為依據的創造力、建設性的偏執和第五級企圖心，即使好運臨頭都絕不懈怠；遭逢厄運衝擊，也不會耽溺於絕望的情緒中。他們不斷向前推進，努力追求目標。

二十哩行軍：十倍勝公司在好運臨頭時，會好好把握難得的機遇，並且在這個基礎上努力向前推進，不只是幾天或幾星期，而是幾年或幾十年都努力不懈。在十倍勝公司塑造的企業文化中，無論運氣是好是壞，員工都深信成功終究不是靠運氣。

先射子彈，再射砲彈：雖然十倍勝公司無法「製造」運氣，但他們會藉著發射一大堆子彈，提高碰上可行方案的機率。他們會在結合實證和創意後才發射大砲，因此不必仰賴運氣來達到最後的成功。未經校準的砲彈必須靠運氣才能命中目標，經過校準的砲彈則不必仰賴運氣。

超越死亡線：十倍勝公司會儲備很多額外的氧氣筒（擴大緩衝地帶和安全邊際），因此在運氣來臨時，手中能握有更多選項。他們能夠管理三種型態的風險（死亡風險、非對稱風險、不可控的風險），因此在壞運降臨時，不至於釀成巨災。他們懂得把鏡頭拉遠，然後再推近，因此能看清好運和壞運，並且思考值不值得推翻原本的計畫。

SMaC：十倍勝公司透過SMaC配方，將可能擴大壞運的失誤降到最低，也在好運臨頭時，提高完美執行的機率。擁有明確的SMaC配方，能幫助你決定是否要因為意外的機遇而推翻原本的規畫，以及應該如何改變。

本書的所有概念都有助於達到高運氣報酬率。十倍勝公司體認到，每個人都在運氣的汪洋大海中載浮載沉，我們既無法製造運氣，也難以預測或控制運氣，但如果能採取十倍勝的行為模式，就能在碰到意外的機遇或運氣時，發揮它最大的效用。

有一句諺語：「與其優秀，我寧可幸運一些。」有些人只求在平均水準之上，表現還不錯就心滿意足，不想創造非凡的成就，成為少數的例外，那麼這句諺語或許正好說中他們的心理。但本書的研究讓我們得到截然不同的結論，對於抱負遠大、有雄心壯志的人而言，與其仰賴運氣，寧可追求卓越。

我們研究的這批最傑出的領導人和運氣的關係十分弔詭。一方面，他們在回顧自己的成就時會歸功於運氣不錯，儘管不容否認的事實是其他人也同樣幸運，卻未必有相同的成就。

另一方面，他們失敗時不會歸咎於運氣不佳，而會自己承擔起敗戰之罪，自責沒能善用碰到的機遇，得到更好的成果。

十倍勝領導人認為，假如把失敗歸咎於運氣不好，不啻屈從於命運的擺布。同樣的，假如鴻運當頭時卻渾然未覺，那麼他們很可能會高估自己的能力，等到好運用光時就身陷險境。說不定他們一路上仍會碰到更多好運氣，但十倍勝領導人絕不仰賴運氣。

本章摘要

重要的不是運氣，而是運氣報酬率

重點

- 我們定義的運氣事件必須通過以下三個考驗：一、事件的重要面向必須全部或大部分和企業要角的行動無關；二、事件可能會造成重大後果（無論好壞）；三、事件有一些難以預測的成分。
- 運氣有好有壞，而且經常發生。我們研究的每一家公司在分析的期間，都曾經歷重大的運氣事件。不過十倍勝公司並不會比對照公司更幸運。

1. 一般而言，十倍勝公司並不會比對照公司更常好運臨頭。
2. 十倍勝公司碰到的壞運大體上不會少於對照公司。
3. 十倍勝公司並不會比對照公司更早就碰上好運氣。
4. 也不能單用一次特別的好運來解釋十倍勝公司的成功。

● 關於運氣，我們碰到兩種截然不同的極端觀點。第一種觀點認為，十倍勝的重大成功主要都是靠運氣；另一種觀點認為，十倍勝的成功和運氣完全無關。然而我們在研究中獲得的證據不支持以上任一觀點。真正關鍵的問題不在於「你是否幸運」，而在於「你能不能有較高的運氣報酬率」。

● 運氣報酬率可能出現四種情況：

1. 很高的好運報酬率。
2. 很低的好運報酬率。
3. 很高的壞運報酬率。
4. 很低的壞運報酬率。

● 我們觀察到好運和壞運之間有一種不對稱關係。單憑一次幸運，無論是多大的幸運，都無法造就卓越的企業。但只要有一次倒楣透頂、運氣太差，或因連連厄運帶來災難性後果，就會終結所有的努力。只有一種真正決定性的運氣，就會終結整個賽局的運氣。十倍勝領導人總是假定自己運氣很差，因此會未雨綢繆，預做準備。

- 本書提到的領導力觀念（狂熱的紀律、以實證為依據的創造力、建設性偏執、第五級企圖心、二十哩行軍、先射子彈後射砲彈、超越死亡線和SMaC致勝配方），都有助於獲得高運氣報酬率。
- 十倍勝領導人會把自己的成就歸功於運氣不錯，儘管不容否認的事實是其他人也同樣幸運，卻未必有相同的成就。另一方面，他們失敗時絕不歸咎於運氣不佳。

意外的發現

- 有些對照公司的運氣好得出奇，甚至比十倍勝公司更加幸運，但白白浪費了好運氣，因此仍難逃失敗。
- 十倍勝公司即使很多時候也壞運連連，但仍設法創造很高的壞運報酬率，這正是十倍勝公司之所以發光發熱的關鍵，他們是「無法摧毀我的只會令我變得更加堅強」理念的最佳示範。
- 「找對人的幸運」（找到對的良師、益友、夥伴、團隊成員、領導人等）是最重要的幸運。想要好運連連，最好的方法就是和卓越的人才共事。如果你願意為某些朋友赴湯蹈火，而他們也同樣願意為你赴湯蹈火，那麼一定要好好和這些人維持深遠的友誼。

關鍵問題

- 過去十年來，你曾經歷過哪些重大的運氣事件？你有沒有從中獲得高報酬？為什麼？你應該怎麼做，才能提高運氣報酬率？

額外的問題

- 哪個人會是你最大的幸運機遇？

結語

卓越，是你的選擇

卓越不是靠外在形勢所造就，

而是出於刻意的選擇，是堅持紀律的結果。

即使身處不確定和混亂之中，

企業能否躍升到真正卓越的境界，

決定權仍操在企業人手中。

「在我們眼中，無論情況多麼無望，我們都應該……下定決心，讓一切有所不同。」

——費茲傑羅（F. Scott Fitzgerald）

我們察覺到，有一種危險疾病正在感染現代文化，腐蝕眾人的希望：今天，大家日益普遍認為，卓越乃是由環境造成，尤其取決於運氣，而不是靠行動和紀律達成。換句話說，我們的遭遇遠比我們採取了什麼行動更重要。在樂透彩或輪盤賭之類賭運氣的遊戲中，這類看法似乎有其道理，但是把這樣的人生觀當做完整理念，廣泛應用在人類種種努力上，卻有害無益，很難想像我們會這樣教導下一代年輕人。

我們真的相信行動一點也不重要，許多人之所以有偉大成就，只不過是因為運氣好，每個人都被周遭環境所困嗎？這樣的社會文化促使我們相信，我們毋須為自己的選擇負責，也不必為績效優劣擔當責任，難道我們真的想建立這樣的社會、塑造這樣的文化嗎？

基於從研究中得到的證據，我們堅決反對這類論點。本研究打從一開始的前提就是：我們面對的形勢大都超乎我們的控制之外，人生原本就充滿各種不確定因素，我們無法預知未來。雖然寫到第七章時，運氣開始扮演某種角色（無論好運或壞運），不過如果某家公司躍升到卓越境界，而有相同處境、運氣也相仿的另一家公司卻辦不到，那麼我們就不能單純以環境、際遇或運氣來解釋一家躍升卓越、另一家卻辦不到的根本原因。

的確，我們對照分析了績效特優的卓越企業和處境類似、但表現只在水準之上的公司，在研究了總計六千多年的公司發展史之後，從中得到了一以貫之的重要訊息是：卓越不是靠外在形勢所造就，而是出於刻意的選擇，是堅持紀律的結果。即使身處不確定和混亂之中，企業能否躍升到真正卓越的境界，決定權仍操在企業人手中。重要的不是他們有什麼遭遇、碰到哪些衝擊，而是他們創造了什麼、做了哪些事情，以及做得好不好。

採取行動，追求卓越

本書和《基業長青》、《從A到A+》、《為什麼A+巨人也會倒下》這三本書探討的問題都是：怎麼樣才能建立恆久卓越的組織。我們在研究十倍勝企業的同時，也檢驗了前面幾個研究提出的概念，看看有沒有哪些概念在高度不確定與混亂的環境下不再管用。結果，之前提出的概念都順利通過考驗，因此我們很有信心，四項研究的概念都有助於提高建立卓越公司的機率。

不過，能不能擔保一定成功呢？答案是不能。好的研究能促進對問題的理解，但從來都無法提供終極解答，總是有更多需要進一步探究之處。人生原本就無法提供任何擔保，隨時可能出現足以翻盤的大事和難以逆轉的力量，例如疾病、意外、腦部受傷、地震、海嘯、金融災難、內戰或其他千千萬萬可能發生的情況，都會瓦解我們的努力，即使我們再堅強、再有紀律也一樣。所以我們必須採取行動。

當我們感到害怕、精疲力竭或受到誘惑時，我們會如何抉擇？會放棄我們的價值嗎？會束手就縛嗎？會安於一般水準嗎，因為大多數人只要表現平平就滿足了？我們會屈從於當下面臨的壓力嗎？當殘酷的現實迎頭痛擊時，我們會不會放棄原本的夢想？

在我們所有的研究中，最偉大的領導人雖然重視勝利也重視價值，在關心利潤的同時，也關心公司經營的目的；他們希望成功，但同樣希望能有所用、有所貢獻。他們的強烈驅動力和嚴格標準乃發自於內心深處。

我們不會為外在形勢所困，不會受制於運氣或人生種種不公平的際遇，更不會因為嚴重的挫敗、自己犯下的錯誤或過去的輝煌成就而自我設限。我們不會受制於所處的時代或每天有限的時間，即使認清人生苦短，也不會自我侷限。雖然發生在我們身上的種種，能夠掌控的終究極其有限，但即使如此，我們仍然擁有選擇的自由，我們可以選擇追求卓越！

FAQ

你可能也想知道的問題

這項研究有沒有推翻《從 A 到 A⁺》等書中的任何觀念？

面對不確定的經營環境，該如何看待「先找對人」的原則？

SMaC 配方和刺蝟原則有無關係？

我能否打造擁有十倍勝行為模式的十倍勝團隊，
來彌補自己的不足？

要帶領企業「超越死亡線」，
是否意謂著應避免「膽大包天的目標」？

本研究探討的問題能否廣泛應用到今天的社會？

問：這項研究有沒有推翻《從A到A⁺》、《基業長青》或《為什麼A⁺巨人也會倒下》中的任何觀念？

答：沒有。我們進行十倍勝研究時，曾經有系統地檢視十倍勝案例（及對照公司）與我們在以往著作中提出的觀念，有沒有什麼關聯性。結果我們的證據顯示，比起對照公司，十倍勝公司是落實這些觀念的更佳範例。

問：在《從A到A⁺》中第五級領導人身上，可以看到多少十倍勝領導人的行為模式？

答：我們觀察到，《從A到A⁺》的第五級領導人也和十倍勝領導人一樣有狂熱的紀律、以實證為依據的創造力，以及第五級企圖心，但在《從A到A⁺》的第五級領導人身上，比較看不到建設性的偏執。我們相信，這是因為他們面對的經營環境沒有那麼嚴酷無情。

還記得我們在第一章的比喻嗎？當你在風和日麗的春天，隨著一流的登山探險專家出外踏青時，你很難看出他有什麼高人一等的特殊本事。《從A到A⁺》的第五級領導人面對的經營環境比十倍勝公司安全許多，而且他們接手時，公司多半已是具相當規模、地位穩固的好公司，而本書所研究的十倍勝領導人多為半白手起家或出身中小企業，因此更容易受到環境變動的影響。我們推測，假如《從A到A⁺》的第五級領導人和十倍勝領導人一樣，必須在高度不確定且動盪不安的環境下領導小公司度過重重難關，那麼他們會更明顯展現出建設性的偏執心態。

最後，我們注意到，或許《從A到A⁺》的研究較強調第五級領導人雙重特質中謙虛的一面（第五級領導人兼具兩種相互矛盾的特質：謙沖為懷的個性和專業堅持的意志力），而本研究則凸顯意志力的部分。不過，真正的第五級領導人總是兼具謙虛和意志力兩種特質。

問：當企業領導人面對不確定和混亂的經營環境時，應該如何看待「先找對人」的原則（也就是「先找對人上車，把不適任的人都請下車，並且把對的人安排在正確的位子，然後才釐清應該把車子開到哪裡去」的觀念）？

答：本書對「先找對人」的原則沒有著墨太多，因為《從A到A⁺》已深入探討這個觀念。但千萬不要誤以為十倍勝領導人不熱中於找對人上車，並把他們安排在正確位子上。

還記得布里薛斯在攀登珠穆朗瑪峰之前，就很強調要找到對的登山隊成員。他深信，整個團隊有多大的能力取決於最弱的登山隊員有多大的能力。《時代》雜誌在二〇〇二年的報導中，曾如此描述西南航空公司：「他們去年接到二十萬封履歷，但只雇用了六千名員工，比哈佛大學還難進。」前進保險公司明確指出，要達到目標與打敗競爭對手的首要策略就是找對人，他們在一九九〇年曾自豪地表示：「我們離開的員工中有十五人成為其他保險公司的總裁。」史賽克的布朗很知道怎麼挑對人，但他在員工表現不佳時也能嚴守紀律，把他們調離原本的職位，他奉行史賽克的理念：寧可大筆投資於對的人，也不要耗費心力於不適任的人身上。拉斯曼提到安進的歷史時說：「在某些公司裡，所有的重要資產晚上都穿著運動鞋回家，安進正是其中之一。」到了一九九〇年代，幾乎每五十八個應徵安進職缺的人，會有五十七人遭到淘汰。英特爾的共同創辦人諾宜斯先組成創業班底，再決定要開發什麼產品；在英特爾創辦初期，他親自招募人才，深信把對的人放進對的文化中，就能創造非凡的成果。沃夫（Tom Wolfe）在描述霍夫和他發明的微處理器時寫道：「諾宜斯認為霍夫的成功證明了：如果能塑造對的公司環境，讓對的員工自動群聚，優秀人才就能盡情發揮才華。」微軟採用極端的標準來篩選需要的人才，蓋茲在一九九二年曾表示：「如果把我們公司最優秀的二十個人搶走，那麼我告訴你，微軟會變成一家無足輕重的公司。」生邁公司費盡心思要在每個位子都放對人，讓每個層級的員工都擁有股票選擇權，以吸引和留住最優秀的人才。

每一家十倍勝公司都營造教派般的文化，讓對的人充分發揮，不適當的人很快自行求去。十倍勝公司面對的是不確定的環境，因此先找對人就更加重要。假如你不知道接下來會發生什麼事，那麼你找進來的人才就必須能成功因應無法預知的風險。

問：SMaC配方和《從A到A+》的刺蝟原則有無關係？

答： 刺蝟原則乃是基於對三個圓圈的交集有深刻理解，而得出簡單清晰的概念：

一、你們對什麼事業充滿熱情？

二、你們在哪些方面能達到世界頂尖水準？
三、你們的經濟引擎主要靠什麼來驅動？

一旦從優秀躍升到卓越的公司釐清了他們的刺蝟原則之後，由於他們做的每個決策都會符合刺蝟原則，因此逐漸累積動能，好像巨大的飛輪不斷往前推進。SMaC配方將高層次的刺蝟原則轉化為具體行動，是讓組織方向一致、累積動能的密碼（請參見左圖）。比方說，西南航空的刺蝟原則是：成為氣氛歡樂、成本低廉的最佳航空公司，不斷提升每架飛機平均獲利，樂於成為航空業的異類。他們把這個高層次的概念變成普特南的十要點（我們在第六章討論過）。由於一直堅持這個配方，西南航空不斷累積飛輪的動能，從一班班飛機、

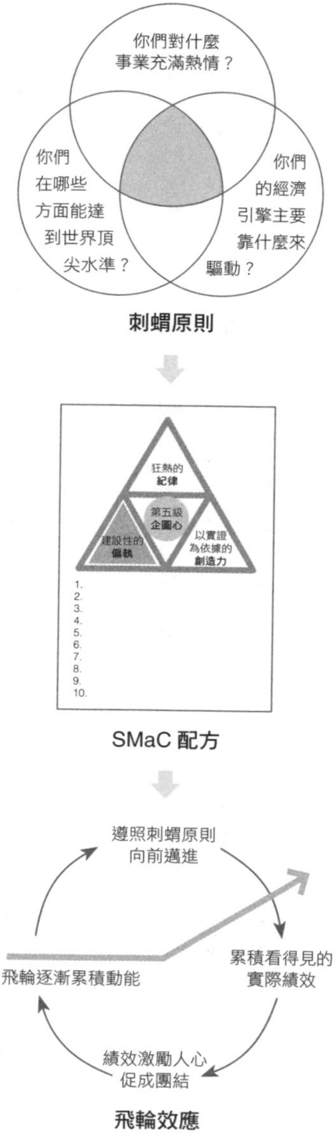

一座座城市、一個個登機門、年復一年，這家德州的新創公司很快躍升為全美國最成功的航空公司。

問：你們對於擬定ＳＭａＣ配方，有沒有什麼建議？

答：ＳＭａＣ配方的關鍵在於強調實用，以實證為基礎，盡量具體明確。你可以含糊地追求「更高的飛機使用率」，也可以像西南航空這樣，明確表明「十分鐘的航班輪轉時間」或「只飛波音七三七機型」。你可以很不精確地以「提升技術水準」為目標，也可以學習英特爾，致力於達成更具體的任務：「每兩年讓晶片容納的元件數量加倍。」你可以設法「有效率地使用攝影機」，也可以表明必須「在五分鐘內組裝攝影機、把攝影機固定在三腳架上、安裝底片、對焦，並拍攝完成」。

ＳＭａＣ配方應該反映出根據實證獲得的洞見，說明哪些是行得通的做法，以及為何行得通；同時也明確指出該做什麼，以及不做什麼。ＳＭａＣ配方應該持久耐用，所以面對變動的環境，只需要小幅修正，毋需全盤翻新。形成ＳＭａＣ配方時，應該自問：「我們的成果主要來自於哪些持久而具體的做法？」我們和企業主管在工作坊練習時，採用以下方式：

一、列出貴公司到目前為止的成功事蹟。

二、列出貴公司曾經出現哪些不如預期的成果。

三、哪些具體做法只和成功相關，卻無關乎不如預期的成果？

四、哪些具體做法只和不如預期的成果相關，卻無關乎成功？

五、哪些做法可以持續十年到三十年，而且適用於各種情況？

六、為什麼這些做法可以奏效？

七、根據上面的分析，哪一種SMaC配方（包含八到十二個可以相互補強的要點，形成協調一致的系統）最能達到你們希望的成果？

問：假如十倍勝的概念放諸四海皆準，為什麼《從A到A⁺》沒有明顯呈現這個概念？

答：我們在第一章曾經說過，每一項研究都好像在黑盒子上戳個洞，透一點光，讓我們看到卓越公司之所以卓越的各項原則在內部如何運作。黑盒子上開的每個洞都會提供不同的觀點。《從A到A⁺》的研究把焦點放在原本平凡無奇的公司如何躍升為卓越企業。我們挑選的從A到A⁺公司都先有十五年表現平平，然後在大突破後，接下來十五年表現非凡，研究的重心並非企業面對的嚴苛環境。反之，本研究乃是從黑盒子上面戳開的另一個洞來透視企業內部運作，我們挑選的是能在高度不確定且冷酷無情的混亂環境中達到卓越績效的小公司或新創公司。兩項研究及發現沒有任何不一致，只不過各自從截然不同的角度來分析罷了。兩項研究既不會重複，也沒有相互衝突，而是彼此互補。

問：如果我不盡然是完美的十倍勝領導人，我能否打造擁有十倍勝行為模式的十倍勝團隊，來彌補自己的不足？

答：與其把焦點放在某個人是不是十倍勝領導人，還不如專注於透過團隊力量，來執行第三到第七章提出的重要概念。設定二十哩行軍的目標，然後全力以赴。先射子彈，再射砲彈。好好練習在〈超越死亡線〉這章提到的建設性偏執相關要素。堅持SMaC配方，並選擇性地加以修正。無論運氣好壞，都能根據以下問題而妥善因應：「怎麼樣才能從這次經驗得到很高的運氣報酬率？」假如你的團隊或貴公司能成功做到上述幾點，那麼無論有沒有完全勝任的十倍勝領導人，都無關緊要了。

問：要帶領企業「超越死亡線」，是否意謂著應避免「膽大包天的目標」（請參閱《基業長青》）？

答：並非如此。亞孟森前進南極點的探險旅程以及布里薛斯帶著IMAX攝影機登上珠穆朗瑪峰，都是在追求膽大包天的目標，我們研究的十倍勝領導人也是如此。他們的任務是在追求膽大包天的目標時，始終能超越死亡線。

問：十倍勝的概念「先射子彈，再射砲彈」，和《基業長青》的概念「多方嘗試，汰弱擇強」有什麼不同？

答：兩個概念確有重疊之處，不過十倍勝研究增加了一個重要洞見：十倍勝公司會在子彈成功射中目標後，接著就發射砲彈。《基業長青》中多方嘗試的做法基本上就是發射子彈。但是後面汰弱擇強，保留行得通的做法，則和本書充分運用從發射子彈中學到的教訓，然後押下大賭注、發射砲彈，不盡相同。

問：你們在研究中發現，十倍勝公司不見得比對照公司更有創新力，對於靠創新驅動的經濟而言，這個發現有什麼特殊涵義？

答：我們的研究指出，一味把創新力視為提升競爭優勢的萬靈丹，是過於天真且不夠明智。我們認為，能創造十倍勝佳績的組織必須懂得融合紀律和創造力，能將創新轉化為持續的卓越績效。英特爾的故事正是如此，西南航空、微軟、安進、史賽克、生邁、前進保險的故事也是如此，而基因科技在賴文森領導下東山再起的故事，甚至蘋果公司全盛時期的表現皆是如此。無論企業或國家，如果只是保持豐富的創造力卻喪失紀律，只一味加強開拓性的創新，卻忘了應該盡可能以低成本適度擴大創新成果，那麼必然處境危險。

問：你們在本書中好幾次提到「兼容並蓄」，所謂的「兼容並蓄」是什麼意思，如何應用在本書的情況？

答：我們在《基業長青》的研究中發現，能夠恆久卓越的公司，領導人都能接受弔詭的情況，讓兩種相互矛盾的概念在腦中並存。他們不會以「非此即彼」的二分思維來壓抑自我，這群最傑出的領導人反而會自我解放，接受「兼容並蓄」的原則，同時擁抱南轅北轍的觀念。套句費茲傑羅的話：「考驗一個人是不是真有一流頭腦，要看他能不能同時抱持兩種相互對立的想法，仍然才思敏捷無礙。」我們在研究十倍勝公司時，看到很多兼容並蓄的證據，例如他們：

一方面		但另一方面
嚴守紀律	又能	發揮創意
重視實證	又能	大膽行動
審慎行事	又能	追求膽大包天的目標
抱持偏執心態	又能	勇敢無畏
有強烈企圖心	又能	不自大
要求嚴格，不接受藉口	又能	充分自制，不過火
日行二十哩	又能	先射子彈，再射砲彈
跨越基本創新門檻	又能	緊跟潮流，只落後一步
無法預測未來	又能	未雨綢繆

在可以放慢時放慢腳步	又能	在需要加速時加快速度
有紀律的思考	又能	果斷行動
把鏡頭拉遠（宏觀）	又能	把鏡頭推近（微觀）
堅持SMaC配方	又能	修正SMaC配方
前後一致	又能	改變
絕不靠運氣	又能	運氣來臨時創造高運氣報酬率

問：有些批評者指出，過去你們研究過且在著作中探討的某些卓越企業後來失敗了。你們如何回應這些批評？

答：正如同我們在第一章所說，我們的研究乃奠基於企業某段期間的表現，就好像研究運動史上最偉大的王朝一樣。或許有些運動王朝後來光芒不再，但這和我們的整體分析毫不相干，因為我們研究的是當初他們為何能在運動場上稱霸多年，建立起偉大的運動王朝。

問：本書能不能幫助企業避免《為什麼A⁺巨人也會倒下》中的衰敗五階段？

答：可以的。事實上，這個研究中原本可能躍升卓越、後來卻日益衰敗的對照公司（PSA、塞福柯、美國外科手術公司、賴文森上任前的基因科技，以及賈伯斯復職前的蘋果公司），都顯露出企業衰敗的前四個階段的跡象，有些公司甚至一路墜落到第五階段（請

《為什麼 A^+ 巨人也會倒下》中的企業衰敗五階段

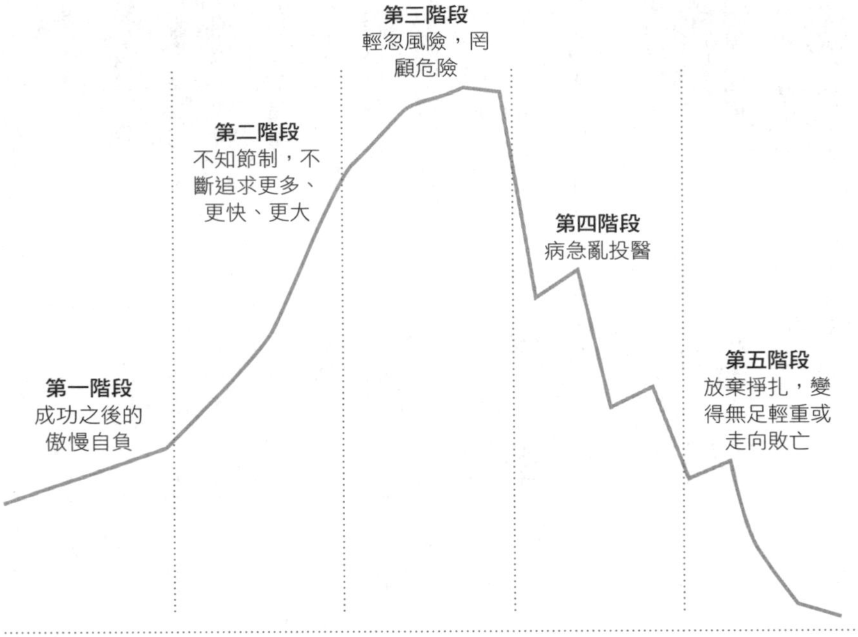

參見上圖）。

本研究中的十倍勝概念可以扮演重要角色，協助企業避免企業衰敗的五階段。奉行二十哩行軍的原則，避免發射未校準的砲彈，堅持ＳＭａＣ配方，能夠幫助企業不要落入第二階段。「超越死亡線」的概念（儲備大量備用的氧氣筒，壓低風險，先把鏡頭拉遠／再推近）有助於避開第三階段。審慎修正ＳＭａＣ配方（而不是全盤翻新的被動式變革），則可避免落入第四階段。至於要如何避開第一階段「成功之後的傲慢自負」的危險，真正實踐「建設性偏執」的人從來不覺得自己所向無敵，他們總是憂心忡忡，深怕厄運隨時來臨。

問：兩位作者當初為什麼會一起合作，你們為什麼以合作方式來進行這個研究？

答：我們是一九九一年在史丹佛企管研究所結識，韓森當時在教關於創業和中小企業的課。由於同事薄樂斯教授正展開「基業長青」研究計畫，韓森在攻讀博士學位時加入了研究小組。後來韓森任教於哈佛商學院時，對柯林斯「從A到A⁺」研究計畫的研究方法和研究設計提出很多重要建議。我們經常談到，哪一天找到雙方都感興趣的研究題目，應該從一開始就攜手做研究。而本書背後的問題，即「為什麼有些公司在諸多不確定中仍能蓬勃發展，欣欣向榮，其他公司卻辦不到？」，已經在我們腦子裡醞釀了一段時間，因忙於其他研究計畫，一直被我們拋在腦後。後來，在九一一恐怖事件及股市泡沫破裂後，眼看全球競爭愈演愈烈，日新月異的科技不斷顛覆世界，聽到「改變、改變、改變」的聲浪日益高漲，這個問題自然浮現出來。我們倆都深信，在今天的世界裡，不確定將是持久不變的事實，動盪不安已成常態，變動的速度加劇，我們下半輩子都將與不穩定共存。

問：你們認為本書是在探討如何在這種「新常態」中生存發展嗎？

答：不是。本研究的前提是，今天我們面對的是長期的不穩定與永久的不確定，變動的速度加劇，顛覆與崩解日益普遍，我們既無法預測，又難以控制周遭發生的一切。我們相信，未來將沒有什麼「新常態」，只有持續面對一連串的「非常態」。

歷史的主要型態並非穩定發展，而是不穩定與崩解。曾有幸生活在穩定繁榮的二十世紀下半葉的我們，最好明智一點，認清我們成長的時代其實偏離了歷史的正常發展軌道。歷史上有多少時候，人們能像這樣生活在相對和平的時代，躲在看似安全的保護殼中經營企業，搭上史上持續最久的經濟榮景蓬勃發展？在這樣的環境中成長的一代（尤其是生長在美國的人），幾乎所有的人生經驗都是在整個人類歷史中極罕見的片段中發生的，不太可能在二十一世紀後的世界再現。

問：本研究探討的問題能否廣泛應用到今天的社會？你們認為這是人類普遍的問題嗎？

答：別再一直想著自己的處境或組織的情況了，思考一下這個問題：如果要用一到十的分數來評估今天的經營環境，一分表示你們幾乎沒有面對任何無法掌控的巨大力量，沒有碰到什麼特別快速的變化，而且大都能預測接下來會發生什麼事，你感覺周遭的一切都穩定而確定，沒有任何事情會大幅改變你們的發展軌道（無論是好是壞）；十分則意謂著你們面對了瞬息萬變、難以預測、無法掌控的巨大力量，可能對發展軌道產生巨大衝擊（無論是好是壞）。你會如何為你們的環境評分——穩定或不穩定，確定或不確定，可預測或不可預測，可掌控或無法掌控，比較像是三分還是八分？

不管我們討論的對象是小公司創辦人、陸軍將領、中小學教師、教會領袖、協會、警官、市府官員、醫護人員、慈善家、企業資訊長、財務長、執行長，或甚至純粹關心家人及憂心前程的個人，每當我們提出這個問題，得到的答案型態都非常一致。我們會先讓大家思考片刻，再請大家舉手回答。

「低於五分的請舉手。」

幾乎沒有人舉手。

「有誰打的分數是五分或六分？」

有幾個人舉起手來。

「打七分或八分的呢？」

幾乎一半的人都舉起手來。

「打九分或十分的人有多少？」

剩下的人全都舉手。

面對不確定、甚至混亂的局勢時，應該如何亂中求勝？到目前為止，我們碰到的每個產業和社會組織，都認為這個問題和他們密切相關，非常重要。

問：你們認為引發這一切不確定和混亂的主因是經濟因素嗎？

答：不盡然。當然，其中有一些經濟因素，例如全球競爭日益激烈、不穩定的資本市場、商業模式變化太快等，但顯然造成不穩定的絕對不止經濟因素，例如法令規章的限制

（或解除管制）、政府花費無度、無法預料的政治風險、顛覆性新科技、新媒體、全天候播報新聞的擴大效應、自然災害、恐怖主義、能源危機、氣候變遷、新興國家的政治動盪等，都會帶來衝擊。此外，還有很多我們無法預知的各種顛覆性力量和亂源。

問：本書是在探討過去還是未來？

答：雖然我們研究的是過去，但我們認為本書和如何在未來致勝有密切關係。我們的策略是審慎檢視在最不確定和動盪不安的產業中達到卓越績效的公司，然後找出他們亂中求勝的基本原則，希望面對動盪與混亂的二十一世紀企業能應用這些原則。

問：目前我覺得周遭世界還滿穩定的；本書內容能適用在我身上嗎？

答：切記第五章的教訓：暴風雨來襲後，能否安然無恙，端視你在暴風雨來襲前做了什麼準備。當環境從穩定轉為混亂時，不能防患於未然的人通常受創最深。

問：十倍勝的概念和《從A到A+》一樣，對社會部門依然適用嗎？

答：在進行本研究的同時，我們也正在和一群社會部門領導人合作，他們分別來自中小學、高等教育機構、教會、非營利醫院、軍隊、警界、中央與地方各級政府、博物館、交響樂團、（與賑濟和遊民相關的）社會安全網組織、青少年計畫，以及其他許多目標崇高的非營利組織。他們和企業領導人一樣，面對無法掌控的外界衝擊、高度的不確定、瞬息萬變的各種事件、危險的威脅，以及各種顛覆性的重要機會。我們發現書中的概念都和他們直接相關，儘管不同的組織會各有其獨特的詮釋。

問：本書主要是在探討如何度過危機、走過撙節時期嗎？

答：不是。本書的重點不是危機管理，也不是如何度過景氣衰退或經濟災難。危機和「艱困時期」都只是長期不穩定與不確定狀態中的特例罷了。事實上，顛覆性機會的危險性不下於顛覆性威脅。爆炸性成長的時代和經濟緊縮的時代同樣充滿挑戰。

還記得我們研究過的一些產業，包括軟體業、電腦業、半導體業、生物科技業、保險業和醫療器材業，全都蓬勃發展、充滿機會，但也都充滿了不確定與混亂。以軟體業為例。一九八三年，《產業週刊》（*Industry Week*）刊登了一篇報導〈軟體點燃淘金熱〉（Software Spaeks a Gold Rush），並列出前十六家個人電腦及軟體公司。這十六家明星公司都蓄勢待發，即將一飛沖天，因為到二十一世紀初期，全球個人電腦銷量將超過十億部。然而在個人電腦發展過程中，早期的領導企業卻紛紛遭到收購，或乾脆被淘汰出局。我們撰寫本書時，在一九八三年報導中上榜的企業只有三家依然獨立存活。他們面對了龐大的商機，也面對了巨大的變化，最後的廝殺結果也很慘烈。如果我們生存的時代充滿各種紛亂的機會，那麼能擁有正確的工具與概念、又能有紀律地善用這些工具與概念的公司，將會遙遙領先，無法這樣做的公司則會遠遠落後。許多公司無論碰到多麼豐富或有利的機會，仍將被淘汰出局。

問：二〇〇八年的金融海嘯有沒有影響你們對於本研究的思考？

答：金融海嘯發生只不過強化了研究這個問題的重要性。沒有幾個人料到會發生像金融海嘯這樣的大崩解，然而未來一定還會出現下一次大崩解，之後又再有另一個大崩解，然後又再出現大崩解，不斷持續下去。我們無法準確預知接下來哪個體系會出現大崩解或何時會發生，只能確定一定會再度發生。

問：完成這項研究後，你們變得更樂觀、覺得更有希望，還是恰好相反？

答：我們變得樂觀許多，也滿懷希望。本研究比以往的研究都更清楚顯示，無論我們成功或失敗、存活或死亡，重要關鍵都在於我們做了什麼，而不是我們遭遇了什麼。特別令我們感到安慰的是，每一家十倍勝公司都會犯錯，甚至鑄下大錯，然而他們都能自我修正，存活下來，邁向卓越。

附錄

研究基礎

A：研究方法

B：十倍勝公司篩選方式

C：對照公司篩選方式

D：二十哩行軍分析

E：創新分析

F：先射子彈再射砲彈分析

G：現金與資產負債表風險分析

H：風險項目分析

I：速度分析

J：SMaC 配方分析

K：運氣分析

L：曲棍球名人堂分析

附錄A
研究方法

我們選擇了對照分析案例的方式來進行研究。這種研究方式的重點在於挑選出可以相比較的類似公司，但每家公司又在某個重要層面大不相同（在本研究中，不同之處在於公司的長期績效）。為了配對進行對照分析，我們先篩選出七家公司，他們都能在高度不確定和動盪不安的產業環境中，達到非凡的高績效（我們稱之為「十倍勝公司」）。然後我們為每一家十倍勝公司都找到一家和他們起步類似（在同一個產業，公司的年齡和規模也差不多）、表現卻平平的對照公司。我們最後分析的資料包含了這十四家公司形成的七個對照分析組。我們詳細蒐集各家公司的歷史資料，逐年編列公司發展歷程，然後分析足以說明兩家公司長期績效為何不同的各項變數。以下就是我們採取的步驟。

步驟一：釐清研究問題和分析單位

我們想研究的問題是：「為什麼有些公司在不確定中、甚至混亂中，仍能蓬勃發展、欣欣向榮，其他公司卻辦不到？」

假如某個產業頻頻經歷符合以下五項條件的事件，我們就會把它歸為「高度不確定和混亂」：一、這些事件超乎產業中各家公司的控制之外；二、事件會迅速造成衝擊（通常不到五年內）；三、事件造成的衝擊會傷害到產業中的公司；四、事件中包含了某些難以預測的重要因素（例如時機、形式、型態）；五、實際發生的事件（而非僅僅預測可能發生）。我們挑選的產業都曾經歷過引發混亂、造成重創的重大事件，包括解除管制、劇烈的技術轉變、價格戰爭、能源危機、法令規章的改變、產業整併或衰退。

本研究的分析單位不是永續的公司，而是公司的某段期間，我們觀察的是公司從創立到二〇〇二年六月的表現（因此涵蓋的時間大致是從一九七〇到二〇〇二年）。由於我們無法預測在研究的期間過後，公司會發生什麼事，所以勢必要讓觀察分析的時間有所侷限。這段期間涵蓋了公司初創的階段、上市前後的轉型階段、成長快速的時期，以及茁壯成熟為大型上市公司的年代。

步驟二：選擇適當的研究方法——對照分析法

我們希望透過選擇的研究方法（組織行為研究中常用的多重個案研究法），盡可能對不同的企業及產業產生更多洞見。這種研究方式在設計上是根據蒐集的質化資料進行個案比較，並採取歸納性的分析方式。這種方法會針對少數個案進行深入研究，以發現新的型態。

採用這種研究方式時，研究人員乃是為了凸顯不同的個案在重要變數上的差異而挑選個案，他們認為，透過個案（公司）之間的對比能提高新發現的可能性。這種方式遵循組織行為學、金融研究和醫療研究的傳統。二〇〇七年，艾森哈特（Kathy Eisenhardt）及葛瑞伯納（Melissa Graebner）在《管理學院期刊》（*Academy of Management Journal*）中指出：「特別重要的理論採樣方式是『兩極類型』，研究人員以極端的個案（例如表現極好和極差）為樣本，因此比較容易觀察到資料中的對比型態。」比方說，馬丁（Jeffrey Martin）和艾森哈特在二〇一〇年發表於《管理學院期刊》的研究中，挑選了表現很好和表現很差的軟體團隊，分析造成不同表現的因素。

採取這種對照分析方式的好處是避免「只以成功者為樣本」。如果研究人員只研究成功的公司，就很難得知他們的發現是否真的和成功息息相關。說不定輸家也和贏家一樣，採取相同的管理原則。為了避免這個問題，我們既挑選成功的公司，也挑選了不那麼成功的公司，然後研究兩家公司之間的對比。

步驟三：選擇研究對象——美國上市公司

我們選擇的研究對象必須能充分感受到周遭的不確定與混亂帶來的衝擊，不會因為公司的規模或年齡而隔絕於事件的影響之外。我們從符合這項要求的族群，例如一九七一到九〇年在美國上市（IPO，首次公開募股）的公司，挑選出我們的研究對象。這些公司在股票上市時多半還很年輕，規模也很小，因此比較容易受到環境中發生的各種事件的衝擊。

步驟四：找出績效特優的公司

為了跨產業比較不同的公司，我們選擇股票報酬作為衡量績效的標準（詳細的衡量方式請參見附錄B）。這樣的衡量標準排除了其他利害關係團體（例如社區或員工）重視的各種衡量方式。儘管如此，對上市公司而言，這或許是最重要的共同衡量標準，而且這個衡量標準也排除了其他的中間成果，例如創新和銷售成長。我們將這些衡量標準視為可能的投入變數，或許能用來解釋後續的股市績效。

我們採用股票績效衡量標準，經過系統化的篩選過程，從我們最初的研究對象中，在七個高度不確定且動盪不安的產業裡找出七家績效特優的公司（十倍勝公司）。

步驟五：挑選對照公司

我們根據兩項原則，為七家十倍勝公司各挑選了一家對照公司：一、對照公司上市時，情況與十倍勝公司差不多（置身於同一產業、年齡與規模相近）；二、應該已有平均股市績效紀錄（因此能比較十倍勝公司與對照公司的股市績效）。詳情請參見附錄C。

步驟六：蒐集歷史資料，整理編年史

我們有系統地回溯過往，為每家公司蒐集歷史文獻。比方說，針對英特爾，我們蒐集了從英特爾一九六八年創立以來每年的歷史文獻，包括一九六八、一九六九、一九七〇和一九七一年的公司報告和新聞稿等。我們廣泛採用過去的檔案資料，以確定完整蒐集到與英特爾相關的事實、觀點和洞見。

- 在我們觀察時期刊登的有關每家公司的所有重要文章（從公司創立到二〇〇二年），來源非常廣泛，包括美國《商業週刊》、《經濟學人》（*Economist*）雜誌、《富比士》雜誌、《哈佛商業評論》（*Harvard Business Review*）、《紐約時報》、《華爾街日報》、《華爾街實錄》，以及其他產業報導或特殊主題出版品。
- 商學院個案研究和產業分析報告。
- 關於每家公司及其領導人的書籍。
- 公司年報、股東委託書及首次公開募股說明書。
- 針對每家公司的重要分析師報告。
- 企業及產業相關參考資料，例如《美國企業領導人傳記辭典》（*Biographical Dictionary of American Business Leaders*）、《國際企業歷史百科》（*International Directory of Company Histories*）。
- 直接從每家公司取得的資料（我們寫信向他們索取如公司歷史、高階主管演講稿、投資關係文件和有關公司的報導等資料）。

- 公司財務資料：（從 Compustat 資料庫取得的）損益表及資產負債表。

為了與質化研究方法一致，我們檢視了一系列或許能解釋十倍勝公司與對照公司差異的變數，希望以系統化的方式找到可能的新解釋。我們針對眾多要素蒐集相關資訊，包括：

- 領導力：重要高階主管、執行長任期與接班計畫、領導風格和行為。
- 創業背景：創業團隊及公司創立的環境。
- 策略：產品及行銷策略、商業模式、重要購併、策略轉變。
- 創新：新的產品、服務、技術、做法等。
- 組織結構，包括重要的重組。
- 組織文化：價值與規範。
- 實際營運方式。
- 人力資源管理：與聘用、解雇、升遷、獎懲相關的政策。
- 科技運用，包括資訊科技的運用。
- 公司的銷售和獲利趨勢、各種財務比率。
- 產業界關鍵事件：衰退、繁榮、危機、技術轉變、市場變化、法令規章修改、競爭者動態、價格戰爭、商業模式改變、產業整併。

●重要的運氣事件（好運及壞運）。

●重要的風險事件。

●速度：察覺威脅和機會的時間、決策的時間、上市的時間（當帶頭者，還是老二）。

然後我們把關於每一家公司的所有資訊都按照年份彙整，先從最早的年份開始，逐漸編列到我們觀察的最後一年二〇〇二年。

在彙整編年史時，我們也尋找至少一種其他資料，來驗證我們蒐集到的每一筆資料。這種三角測定資料的方式能降低資料不正確、不完整或存有偏見的風險。舉例來說，有一部關於PSA的著作聲稱，西南航空的團隊曾在一九六九年到加州造訪PSA，並在許可下影印了PSA的作業手冊。我們以三角測定方式驗證這個說法，結果在西南航空執行長穆斯的著作中得到證實，因為穆斯本人也參與了那次參觀訪問的行程。

總而言之，我們的研究方式有賴於蒐集到高品質的資料。我們遵循嚴謹的學術標準，以確保資料的完整性，我們乃是從各種不同的資料來源，蒐集公司創立之後的歷史資訊，並且以三角測定方式檢驗資料，同時針對廣泛的要素蒐集資料，避免視野過於狹隘。

步驟七：進行對照分析

一旦完成了某個對照組合的企業編年史，我們（柯林斯和韓森）會分別閱讀每一份文件，針對每一家公司撰寫詳細的個案報告，同時也進行成對的個案分析。這些文件平均每份厚達七十六頁（兩萬七千六百字），總共有一千零六十四頁（三十八萬六千四百字）的個案報告。

我們會閱讀彼此的報告。然後經過一系列討論後，列出對照分析的兩家公司出現績效差距的可能原因。可能的原因必須符合下列條件：

- 有強力證據支持十倍勝公司和對照公司之間的明顯差異。
- 能夠說明為什麼這樣的差異會影響成果，學術界稱之為「因果機制」（單單看到明顯的差異還不夠，還需要找到令人信服的說法，說明為什麼這個變數足以解釋兩者在表現上的差異）。

配對交叉分析：看看有哪些變數在七家十倍勝公司中大半都出現，但是在對照公司中卻看不到。

形成概念：根據分析結果，找出似乎能解釋成果差異的主要概念，再根據一系列相關因素做出推論並分門別類後，發展出更加一以貫之的概念。

財務分析：我們根據從 Compustat 拿到的資料，詳列從公司創立那年（或我們能獲得資料的最早年份）到二〇〇二年的年營收、資產負債表和現金流量表，製作了總計三百個年度的公司財務報表。

事件歷史分析：我們借用組織學者在研究公司演變過程時採用的事件歷史分析法，分析了公司發展歷程中的以下事件：「二十哩行軍事件」、創新事件、「砲彈」事件、風險事件、時間敏感性事件、「SMaC配方」修改事件。我們清楚定義這些名詞，並將每年發生的事件編碼，形成每家公司事件發生的歷史（請參見本附錄後面幾個部分）。

步驟八：限制與問題

每一種研究方法都有它的優缺點，我們的研究方法也不例外。以下是有關我們的研究方法經常聽到的質疑，以及我們的回應：

你們只研究十四家公司，這樣的樣本數不會太小嗎？

不會，因為我們的目的不是透過大量企業樣本來檢驗既有假設，而是激發新發現。研究樣本是否充足的考驗在於：我們能不能找到足夠的對照分析配對，並發現各組普遍的型態，因此即使再增加任何對照分析的配對，很可能都不會有什麼新發現。這就是學術研究方法中所謂的「冗餘」（redundancy）或「理論飽和」（theoretical saturation），即質化的個案分析進行到某個階段時（通常在分析了八到十二個個案之後），逐漸達到飽和，單單增加更多案例，已無法帶來更多新知識。在我們的研究中，我們所增加的最後一組對照分析的配對並沒有帶來更多洞見。我們之所以達到理論飽和，是因為在設計中刻意形成「兩極化」的配對，因此會更容易發現兩者的差異。

這種的抽樣方式是否只挑選成功的案例？

不是。我們之前解釋過，我們並非只挑選成功的公司，而是在同一產業中，挑選能對照分析的兩家公司，其中一家公司表現非常出色，另一家公司（對照公司）卻不然。

我們的發現能普遍適用於一般公司嗎？

可以。但有幾個但書：

●跨產業和許多不同公司：我們不知道我們的發現是否適用於所有公司，然而我們有信心這些概念應該能說明許多產業和企業的情況，因為我們的發現乃奠基於來自七個不同產業（而不是一、兩個產業）的多樣化資料。而且由於我們只研究美國公司，所以如果要將這些發現延伸到其他國家和文化，就必須審慎一點。

●跨越不同的時間：雖然我們研究的是企業在一九七〇到二〇〇二年的情況，但我們深信，這些發現對於二〇一一年以後的世界依然很有參考價值，原因是我們刻意挑選了高度不確定和動盪不安的產業來研究。由於周遭世界持續充滿各種不確定，這些產業所經歷的動盪與混亂在未來很可能變成常態，因此本研究產生的洞見也關係到我們如何因應未來。

只仰賴歷史資料會不會有所偏頗？

這方面的確可能帶來一些問題，但我們的做法減輕了問題的嚴重性。我們盡最大努力詳盡地蒐集各項歷史紀錄，避免了當代作者透過回顧過去來詮釋歷史的問題。舉例來說，如果採用二〇〇〇年發表的文章回顧一九七〇年代英特爾草創期，這種方式仰賴歷史詮釋，英特爾在二〇〇〇年的成功可能會影響敘事觀點，容易有「歸因錯誤」的問題。反之，我們回頭探索歷史紀錄，蒐集一九七〇年代英特爾相關事件發生當時的資訊。英特爾後來的偉大成就當時尚未發生，所以不可能發生歸因錯誤。

我們能宣稱其中的因果關係嗎？

如果指決定性的因果關係（「X的特定變化必將引起Y的變化」），許多社會科學研究，包括大部分的管理學研究和我們的研究，都無法宣稱找到因果關係。我們遵照組織研究和策略管理研究的傳統，試圖分離出可能導致公司之間績效差異的因素。我們審慎選擇用語來表達「X與績效之間可能有某些關聯」及「增加X可能導致Y也增加」等陳述，代表的是可能的機率，而非決定性的結果。

會不會出現「逆向因果關係」的問題？

當我們對因果關係的詮釋與原本的假設背道而馳，就會產生逆向因果關係。比方說，也許你最初以為某家公司是因為創新而成功，但恰好相反，其實是公司的成功帶來更多創新（因為成功的公司可以投注更多資金於創新上）。基本上，由於我們仰賴歷史文獻，能夠辨識企業究竟是在何時啟動某些做法，因此知道哪些因素在先、哪些在後。

有沒有其他公司雖然遵循相同原則，卻沒辦法這麼成功？

由於我們沒有研究所有美國公司，無法證實是否真的有這種情形。但根據以下說明，這應該不是太大問題。

●由於我們的資料非常廣泛多樣，橫跨七個不同產業，因此我們的發現不太可能只是一、兩個產業或公司特有的現象。

●正如前面所說，我們並沒有宣稱找到了決定性的因果關係，即如果你採用這些原則，（保證）必定能創造非凡績效；我們只是說，努力遵循這些原則能提高成功的機率。

●十倍勝公司都實踐了本書描述的所有原則，只遵循其中一個或少數原則的公司很可能無法創造非凡績效。

難道不能以產業特性來解釋這些公司創造的成果嗎？

由於我們在每個產業中都挑選兩家公司作為對照分析的研究對象，因此控制了產業狀況造成的衝擊。同組的兩家公司面對了類似的產業形勢，卻有截然不同的做法，也創造了截然不同的績效。對每個對照組而言，由於產業因素都一樣，因此不能單用產業特性來解釋兩者的差異。

十倍勝公司會不會只是特別幸運罷了？

批評者有時候會指控從事管理學研究的學者在分析時排除了運氣的成分。然而我們非但沒有忽略運氣扮演的角色，反而定義了運氣的概念，蒐集好運和壞運事件的相關資料，並檢視這些運氣事件在企業創造績效的過程中扮演的角色。我們專闢一章（第七章）來討論我們在這方面的發現。

萬一過了我們研究的這段時間，有些公司後來的表現變差了呢？

即使發生了這樣的情況，也不表示我們的發現無效。我們只研究了公司在某段時期的表現，而非公司永久的績效，所研究的這些公司可能因為下列原因，無法保持非凡的績效：

- 他們或許不再推行當初帶來成功的做法。

●經過一段很長的時間之後，他們或許需要修正方向或建立新的做法。
●競爭者或許仿效他們的做法並迎頭趕上，因此當初的成功方程式不再那麼管用。
●股市或許已充分認知公司成功因素並反映在股價上，因此很難在未來創造非凡的股票報酬率。

以上任一原因都可能導致公司後來績效下滑。但不能因此就推翻當初激發卓越績效的種種因素。

附錄B

十倍勝公司篩選方式

我們採用三個篩選原則來找出本書所研究的績效特優公司：

一、他們達到非凡的成果；在我們觀察分析期間，他們顯然是股市和同業中的贏家。

二、他們面對的是不確定而動盪的產業環境。

三、他們在早期十分脆弱（是成立不久的小公司，在一九七一年或之後才上市）。

我們採取以下十一個篩選步驟，從芝加哥大學證券價格研究中心（CRSP）資料庫取得的數據中，精挑細選出績效特優的公司。

篩選條件一：挑選一九七一至九五年出現在CRSP的公司。我們推論，資料首度登錄於CRSP的時間應該很接近公司上市的時間（請參見篩選條件四）。

篩選條件二：留下二〇〇二年六月之後依然存在的公司。我們希望只包含觀察期結束時（二〇〇二年）還持續經營的獨立公司。

篩選條件三：符合初步股票績效門檻。從公司首度登錄於ＣＲＳＰ的當月月底到二○○二年六月二十八日，每月公司累計股票報酬相對於大盤績效的比率只要低於三．○，就會遭到刪除（請參見二九二頁的「重要定義」）。

篩選條件四：為一九七一至九○年首次公開募股的美國公司。我們審慎查核剩下的每一家公司，驗證公司上市時間及確認這是一家真實的公司。我們刪除非傳統的首次公開募股，例如衍生公司、反向購併、購併、融資收購（ＬＢＯ）、不動產投資信託（ＲＥＩＴ）、有限合夥關係等。我們也刪除外國公司。

篩選條件五：刪除二○○一年營業額未達五億美元的公司。我們一方面想分析草創初期的年輕公司和／或小公司，但也需要分析在觀察期間快結束時已成長為大企業的公司。

篩選條件六：首次公開募股十五年後達到股票績效門檻。我們採用更精確且嚴格的股票績效標準，根據的是每家公司從首次公開募股到十五年後的每日股票報酬數據，並刪除在這段期間公司累計股票報酬相對於大盤績效的比率低於四．○的公司。

篩選條件七：刪除績效型態不一致的公司。這個篩選條件的目的是刪除股票績效前後不一的公司（不穩定、上下波動）。

篩選條件八：只挑選在高度不確定且動盪不安的產業中營運的公司。假如某個產業經歷大量符合下面五個標準的事件，我們就會將這個產業列為高度不確定且動盪不安的產業：

（一）這個產業中的公司無法控制這些事件，也無法防止事件的發生。

（二）事件很快就產生衝擊。就我們的研究目標而言，「很快」表示五年內（通常都更快）。

（三）事件的衝擊可能會傷害到產業中的公司，或許不會傷害每一家公司（包括我們考慮的公司），但也有可能傷害這些公司。

（四）這些事件的某些層面是無法預測的，事件本身或許不是完全無法預測，但其中有些重要元素難以預測，例如發生的時間、形式、樣貌、帶來的衝擊等（舉例來說，美國航空業解除管制、開放天空是可預測的趨勢，但航空業自由化的確切形式，以及會如何影響航空業大洗牌，就不盡然可以預測）。

（五）這不僅僅是預測中的事件，而是實際發生的事件。

我們有系統地蒐集產業資訊並將之編碼，利用分析後的資料，將產業分為「穩定」、「中度不確定」、「高度不確定及動盪不安」三類，並挑選落在第三類產業的公司。

篩選條件九：紅旗測試。我們進行「紅旗」分析，釐清在觀察期間，公司是否曾大幅重編盈餘，在最後篩選階段基本上表現疲弱。我們刪除有疑慮的公司。

篩選條件十：首次公開募股時是年輕的小公司。由於我們希望研究在首次公開募股時的公司不是很年輕，就是規模很小，所以我們刪除了股票上市時規模龐大的老公司。

表 B-1　找出績效特優公司的篩選過程

篩選條件 1	先從 1971 年或之後首度出現在 CRSP 資料庫的 20,400 家公司著手刪除 1995 年後才出現的公司 剩下 15,852 家公司
篩選條件 2	2002 年 6 月之後依然存在的公司 剩下 3,646 家公司
篩選條件 3	2002 年之前，股東總報酬率績效至少三倍*的公司 剩下 368 家公司
篩選條件 4	1971 至 90 年首次公開募股的美國公司 剩下 187 家公司
篩選條件 5	刪除在 2001 年規模仍不夠大的小公司 剩下 124 家公司
篩選條件 6	首度公開發行股票 15 年後，股東總報酬率績效至少四倍*的公司 剩下 50 家公司
篩選條件 7	刪除績效型態不一致的公司 剩下 25 家公司
篩選條件 8	只挑選高度不確定且動盪不安的產業 剩下 12 家公司
篩選條件 9	紅旗測試（釐清疑慮） 剩下 9 家公司
篩選條件 10	股票上市時，公司已經規模太大，年齡太老 剩下 8 家公司
篩選條件 11	績效特優的公司 剩下 7 家公司

* 公司股票累計報酬相對於大盤績效的比率（請參見第 292 頁「重要定義」）。

重要定義

●**每月總報酬率：**某個特定月份的股東報酬率，包括任何股票的股息再投入的報酬，亦稱為「股東總報酬率」（TSR）。

●**累計股票報酬：**採用以下公式：
\$Y×（1＋每月總報酬率@m1）×（1＋每月總報酬率@m2）×…（1＋每月總報酬率@t2）；在t1和t2期間投資Y元於特定股票所產生的綜合價值，其中m1＝t1之後的第一個月月底，m2＝t1之後的第二個月月底，以此類推。

●**大盤（或整體股市）：**指美國紐約證交所、美國證交所和那斯達克（NYSE/AMEX/NASDAQ）的價值加權報酬，包括在這三個證交所交易的所有上市公司總市值（含股息重新投入），個股權重乃依照公司總市值占股市總市值的比例。

●**累計股票報酬相對於大盤績效的比率：**在任何一段時期結束時，累計股票報酬相對於大盤績效的比率計算方式為：在同一天投資Y元於某公司股票的報酬除以投資Y元於整體股市的報酬。

註：我們在篩選條件六中採用相同的公式，只是以每日股票報酬的數據取代每月數據。

篩選條件十一：超越產業指數。這項檢驗的目的是確定這家公司之所以績效好，不是純粹因為整個產業都佳績頻傳。我們發明了產業績效指數，排除從公司上市到之後十五年，累計股票報酬未能超越產業水準三倍以上的公司。

附錄C

對照公司篩選方式

我們透過歷史資料，有系統地找出同業的公司，為每家公司評分後，挑選出最佳對照公司。我們乃是根據以下六個標準來為可能的對照公司評分。第一到第四個標準是為了確定對照公司和十倍勝公司在起步時情況相仿；第五個標準創造出績效差距；第六個標準是為了檢核表面效度（face-validity）。根據這些標準挑選出來的對照公司評分都是極好或很好，只有科士納公司例外（不過還算可以接受）。

標準一：行業一致性。在十倍勝公司上市時，和候選的對照公司乃是從事類似的行業（我們採用了能首度取得CRSP股票報酬的年份）。

標準二：年齡一致性。候選的對照公司和十倍勝公司在差不多的時間創立。

標準三：規模一致性（早年）。十倍勝公司股票上市時，兩家公司的規模相近。

標準四：保守測試（早年）。十倍勝公司上市時，候選的對照公司比十倍勝公司更成功（採取更嚴格的篩選標準，找出早期實力很強的對照公司）。

標準五：績效落差。候選對照公司的累計股票報酬相對於大盤績效的比率，在我們篩選期間接近或低於一・〇（也就是說，在這段期間，候選的對照公司股東報酬並沒有勝過大盤績效）。

標準六：表面效度（二〇〇二年）。當檢視拿來對照分析的兩家公司在觀察期結束時的情況，候選的公司看起來很適合作為對照公司；兩家公司持續在類似的產業發展。

每個對照分析組合的簡要說明

安進。納入考慮的生物科技公司數：十二。最佳配對：基因科技公司。配對年份：一九八三年。在保守測試、表面效度、行業一致性和績效落差方面是絕佳配對（比率 1983–2002 = 0.92）。年齡一致性和規模一致性較弱。說明：創立於一九七六年的基因科技是生物科技業早期的領導企業，安進則是在一九八〇年創立的新生物科技公司之一。分數次高的企業：Chiron、Genzyme。

生邁。納入考慮的骨科醫療器材公司數：十。最佳配對：科士納公司。配對年份：一九八六年。在行業一致性、規模一致性和績效落差方面是很好的配對（比率 1986–94 = 0.76）。在保守測試、表面效度和年齡一致性較弱。說明：科士納和生邁公司都把發展重心放在骨科移植及重建器材的市場。分數次高的企業：Advanced Neuromodulation Systems、Intermedics。

英特爾。納入考慮的積體電路公司數：十六。最佳配對：超微公司。配對年份：一九七三年。在行業一致性、年齡一致性、表面效度和績效落差方面是絕佳配對（比率 1973–2002 = 1.05）。在保守測試和規模一致性則較弱。說明：英特爾和超微都是在一九六〇年代末，由快捷半導體公司（Fairchild Semiconductor）的離職員工所創辦，並專注於記憶體晶片的市場。分數次高的企業：德州儀器、國家半導體。

微軟。納入考慮的電腦公司數：十。最佳配對：蘋果公司。配對年份：一九八六年。在年齡一致性、表面效度和績效落差方面是絕佳配對（比率 1986–2002 = 0.51）。在行業一致性、保守測試、規模一致性較弱。說明：微軟和蘋果在我們觀察分析的這段期間（一九七〇年代末到一九九〇年代中）分別提出兩種替代性的個人電腦平台，成為競爭對手。分數次高的公司：蓮花軟體公司（Lotus）、網威公司（Novell）。

前進保險。納入考慮的保險公司數：十六。最佳配對：塞福柯公司。配對年份：一九七三年。在行業一致性、保守測試和績效落差方面是絕佳配對（比率 1973–2002 = 0.95）。在表面效度、年齡一致性和規模一致性較弱。說明：塞福柯和前進保險公司一樣，也是嚴守承保紀律的主要汽車保險公司。分數次高的企業：GEICO、Employers Casualty。

西南航空。納入考慮的航空公司數：二十五。最佳配對：PSA。配對年份：一九七三年。在行業一致性、保守測試、表面效度和績效落差方面是絕佳配對（比率 1973–87 = 0.99）。在年齡一致性和規模一致性較弱。說明：西南航空直接複製PSA的營運模式。分數次高的企業：Braniff、Continental/Texas。

史賽克。納入考慮的外科手術器材公司數：十五。最佳配對：美國外科手術公司。配對年份：一九七九年。在行業一致性、保守測試、表面效度和績效落差方面是絕佳配對（比率1979–98 = 1.16）。在年齡一致性和規模一致性較弱。說明：從一九七〇年代起，史賽克公司和美國外科手術公司都專注於手術儀器及設備的市場。分數次高的企業：Bircher、American Hospital Supply。

附錄D

二十哩行軍分析

正如我們在第三章所說，我們為這些公司的二十哩行軍行為進行編碼與分析；也就是說，這些公司是否勾勒出績效表現的最低標準，同時在景氣好的時候自我設限。我們記錄這些公司是否曾表明並實踐這樣的做法，同時也分析他們在五十二個產業衰退事件中堅持二十哩行軍的成效。

發現一：十倍勝公司比對照公司更大幅度實踐二十哩行軍的原則（有強烈證據支持）。七個對照組中，有六組的分析結果都強烈支持這個發現，另外一組（安進和基因科技）也還算符合發現。兩家對照公司（ＰＳＡ和塞福柯）剛成立時還能秉持二十哩行軍的原則，但時間一久就逐漸淡忘。另外兩家對照公司蘋果及基因科技則是到了後來才採取二十哩行軍原則。至於其他三家對照公司（美國外科手術、科士納和超微），則沒有什麼證據顯示他們有二十哩行軍的原則（請參見第三章表3-1）。

發現二：在某段時間實踐二十哩行軍原則的公司在後來面對產業衰退時，表現會優於沒有這麼做的公司（有強烈證據支持）。七組的分析結果都強烈支持這個發現。七家沒有堅持

表 C-1　產業衰退期間二十哩行軍的做法與成果

不同的組合（20 哩行軍＋成果）	事件數目（%）		
	十倍勝公司	對照公司	總計
產業衰退事件	27	25	52
採取 20 哩行軍做法	25（100%）	4（100%）	29（100%）
20 哩行軍＋成果佳	25（100%）	4（100%）	29（100%）
20 哩行軍＋成果差	0（0%）	0（0%）	0（0%）
沒有採取 20 哩行軍做法	2（100%）	21（100%）	23（100%）
沒有採取 20 哩行軍做法＋成果佳	0（0%）	3（15%）	3（13%）
沒有採取 20 哩行軍做法＋成果差	2（100%）	18（85%）	20（87%）

N ＝ 52 次產業衰退
註：十倍勝公司和對照公司比較的年數相同。

二十哩行軍原則的對照公司碰到產業衰退時都表現不佳。

正如表C-1所顯示，在面臨產業艱困期之前就採取二十哩行軍的做法，帶來很大好處。實踐二十哩行軍的原則之後，企業在艱困時期仍創造好成果的次數（二十九次）遠高於成果差的次數（零次）。而沒能秉持二十哩行軍原則的企業成果差的次數（二十次）遠多於成果佳的次數（三次）。

正如表格內容所顯示，對照公司有少數幾次（四次）實踐了二十哩行軍的原則，也都從中獲益。而十倍勝公司少數幾次（兩次）沒有堅持二十哩行軍的原則，成果也都不佳。

在產業艱困時期，十倍勝公司的

表現之所以遠遠超越對照公司，是因為他們在產業衰退之前，便已經在實踐二十哩行軍的做法；而對照公司之所以在產業艱困時期表現不佳，則是因為他們大都不能堅持二十哩行軍的原則。

附錄E

創新分析

我們在第四章提過，本研究分析了兩百九十件創新案例，以決定十倍勝公司和對照公司的創新型態和創新程度。

「創新」這個詞包含了各種不同的層面。首先，創新包含了產品創新、營運方式創新和商業模式創新等，究竟哪方面的創新才是最重要的創新，乃是依產業而異。

其次，已經有很多人討論過創新程度的問題。革命性創新能對既有產品及服務產生龐大效益或重要改善，漸進式創新則效益較不明顯，改善幅度較小。我們乃是根據創新究竟是漸進式創新、中度創新，還是重大創新來為企業創新編碼。我們所謂的「創新公司」，是有多個重大創新和中度創新的公司。

第三，究竟是和什麼比較之下的創新？在這方面，有好幾個參考點可採用。例如，相對於公司既有的產品、服務或商業模式（內部參考點），相對於當時市場上既有的產品或服務（外部參考點）。我們採取的是後者。

第四，即使產品非常創新，仍然可能無法成功商業化。所以，很重要的是不要把創新和市場獲利混為一談。

我們先找出每個產業最重要的創新層面，同時也評估每個產業的「創新門檻」，即基於產業特性，企業至少須達到什麼樣的創新程度，才能在市場上競爭。有些產業的創新門檻相當高（例如生物科技業），有些產業的創新門檻很低（例如航空業）。

我們分析了公司的歷史文獻和新聞稿中發布的創新消息，並將創新事件編碼。我們根據以下類別將企業創新程度分門別類：

- 重大創新：比起市場上既有的產品或服務，這項創新顯然提供了高度效益或重要改善，通常被稱為「開拓性」、「革命性」或「突破性」創新。
- 中度創新：創新提供了中度效益或改善。
- 漸進式創新：創新提供了一些效益或改善，但顯然不算是重大進步。

發現一：我們研究的公司在觀察期間內有許多創新（有充分證據顯示）。整體而言，根據我們的計算，所有公司總共有兩百九十次創新事件，包括三十一個重大創新、四十五個中度創新和兩百一十四個漸進式創新（請參見表E-1）。其中十二家公司顯然在我們研究觀察的這段時期出現許多創新，有兩家公司（塞福柯和科士納）則不然。

發現二：似乎有一種「創新門檻」效應：在某些產業中，創新扮演重要角色，於是這些產業中的公司也會出現比較多創新（有充分證據顯示）。如果產業的創新門檻很高（例如生物科技業、半導體業、電腦業），企業在我們的觀察期間內平均有七．五項重大創新或中度創新；創新門檻中等的產業（醫療器材業），企業平均有五項重大或中度創新；而創新門檻低的產業（航空業、汽車保險業），公司創新數更降低到二．八。

發現三：十倍勝公司不見得比對照公司更能創新（強烈證據顯示）。表E-1顯示，幾個配對分析的小組沒有明顯出現跨越組別的一致型態。其中有三家十倍勝公司顯然創新力優於對照公司，重大創新和中度創新的數目都比較多（英特爾勝過超微，前進保險勝過塞福柯，生邁勝過科士納）。但在另外四組中，情況卻恰好相反，對照公司反而比十倍勝公司更能創新（PSA勝過西南航空，基因科技勝過安進，美國外科手術勝過史賽克，蘋果勝過微軟）。

（在生物科技業，專利數是創新能力的重要指標。根據美國專利局的資料，基因科技從創立一直到二〇〇二年，擁有的專利數（七百七十二）遠勝過安進（三百二十三）。此外，根據歐洲工商管理學院（INSEAD）教授及專利資料專家辛格提供的專利資料，基因科技的專利被其他專利引用的次數也較多，在另外一個創新程度指標上，基因科技平均每個專利被引用次數為七．〇九次，相較之下，安進只有四．二三次。因此根據專利指標，基因科技的創新能力優於安進，符合我們在創新力方面的論述。）

發現四：十倍勝公司比對照公司更追求漸進式創新（有一些證據顯示）。七組中有五組的十倍勝公司漸進式創新的數目勝過對照公司（請參見表E-1的最後一欄）。這種傾向恰好呼應了二十哩行軍的概念，能堅持「每天前進一小步」的公司也會更重視頻繁的小規模創新。

表 E-1　創新程度分析

		十倍勝公司			對照公司			十倍勝公司創新力較強？ *	十倍勝公司較採漸進式創新？
對照分析的企業	產業創新門檻	重大創新數	中度創新數	漸進式創新數	重大創新數	中度創新數	漸進式創新數	十倍勝公司 vs. 對照公司	十倍勝公司 vs. 對照公司
英特爾與超微	高	4	6	15	1	4	11	是：10 vs. 5	是：15 vs. 11
安進與基因科技	高	2	2	8	6	2	4	否：4 vs. 8	是：8 vs. 4
微軟與蘋果	高	2	6	23	6	4	14	否：8 vs. 10	是：23 vs. 14
生邁與科士納 **	中	2	3	4	0	0	2	是：5 vs. 0	是：4 vs. 2
史賽克與 USSC***	中	1	6	77	3	5	41	否：7 vs. 8	是：77 vs. 41
西南航空與 PSA	低	1	2	3	2	3	7	否：3 vs. 5	否：3 vs. 7
前進保險與塞福柯	低	1	2	2	0	0	3	是：3 vs. 0	否：2 vs. 3
中數		2	3	8	2	3	7		
總計		13	27	132	18	18	82	3 是，4 否	5 是，2 否

N = 290 創新事件
註：十倍勝公司和對照公司編碼分析的年數相等。
* 創新力較強＝重大創新數和中度創新數加起來的數目較大
** 資料不完整
*** 兩家公司的資料都只到 1997 年為止

附錄F

先射子彈再射砲彈分析

第四章的討論乃是根據我們針對十倍勝公司及對照公司「先射子彈再射砲彈」做法的普及性以及六十二個砲彈事件所做的分析。我們藉由界定、計算和分析子彈及砲彈，進行了事件史的分析。

發現一：十倍勝公司比對照公司更強調先射子彈的做法（充分證據）。七組中有五組的十倍勝公司比對照公司更認真實踐先射子彈的做法，另外兩組的十倍勝公司與對照公司則差不多（西南航空與PSA、安進與基因科技）。

發現二：十倍勝公司並沒有比對照公司發射更多砲彈（強烈證據）。如表F-1第一欄所顯示，七組中有五組對照公司發射更多砲彈，另外兩組的情況則相反（英特爾比超微發射更多砲彈，前進保險比塞福柯發射更多砲彈）。

發現三：相較於對照公司，十倍勝公司校準過的砲彈所占比例較高（有強烈證據顯示）。正如表F-1第四欄所顯示，發射砲彈時，十倍勝公司有六九%的時候都發射校準過的砲彈，而對照公司只有二二%的時候這麼做（還記得嗎？砲彈經過校準，表示公司在展開重大

表 F-1　發射砲彈數量

	1	2	3	4
公司	砲彈數	校準砲彈數	未校準 砲彈數	校準的砲彈 * （%）
西南航空	5	4	1	80%
PSA	8	0	8	0%
英特爾	7	5	2	71%
超微	6	3	3	50%
生邁	1	0	1	0%
科士納	3	0	3	0%
前進保險	4	3	1	75%
塞福柯	3	0	3	0%
安進	3	2	1	67%
基因科技	4	2	2	50%
史賽克	2	1	1	50%
USSC	5	1	4	20%
微軟	4	3	1	75%
蘋果	7	2	5	29%
十倍勝公司平均數	3.7 （總計 26）	2.6 （總計 18）	1.1 （總計 8）	69%
對照公司平均數	5.1 （總計 36）	1.1 （總計 8）	4.0 （總計 28）	22%

N ＝ 62 砲彈事件
註：十倍勝公司和對照公司編碼分析的年數相等。
*（第 2 欄的數目）/（第 1 欄的數目）×100

行動前會先透過試驗，獲得實證資料）。

發現四：校準過的砲彈比未經校準的砲彈能產生更多正面效益（有強烈證據顯示）。校準過的砲彈發射出去後，有八八%帶來正面成果（參見表F-2），不過僅有二三%未經校準的砲彈能帶來好成果（應該在投下大賭注之前就先校準砲彈，但並不能擔保砲彈經過校準後，就一定能成功一舉中的）。

發現五：十倍勝公司發射砲彈後，成功率高於對照公司，主要是因為他們發射更多校準過的砲彈（有強烈證據顯示）。正如表F-3和F-4所顯示，十倍勝公司發射的二十六個砲彈中，有十八個是校準過的砲彈，其中十七個成功了。相反的，對照公司發射的三十六個砲彈中，只有八個經過校準，其中六個成功。對照公司發射的砲彈成功率較低的原因是，其中有許多砲彈都沒有經過校準。

表 F-2　砲彈是否校準與最後成果（所有公司）

成果的類型	校準的砲彈（%）	未校準的砲彈（%）	砲彈總數
正面成果數	23（88%）	7（23%）	30
負面成果數	3（12%）	23（77%）	26
總數	26（100%）	30（100%）	56

N = 56（排除成果不明確的六個砲彈）
註：十倍勝公司和對照公司編碼分析的年數相等。

表 F-3　砲彈是否經過校準與最後成果

砲彈類型	成果	十倍勝公司	對照公司	總成果
校準後的砲彈	好成果數（%）	17（94%）	6（75%）	23（88%）
	壞成果數（%）	1（6%）	2（25%）	3（12%）
	校準過的砲彈數（%）	18（100%）	8（100%）	26（100%）

表 F-4　砲彈未經校準與最後成果

砲彈類型	成果	十倍勝公司	對照公司	總成果
未經校準的砲彈	好成果數（%）	3（37%）	4（18%）	7（23%）
	壞成果數（%）	5（63%）	18（82%）	23（77%）
	未校準的砲彈數（%）	8（100%）	22（100%）	30（100%）

N = 56（排除成果不明確的六項觀察）
註：十倍勝公司和對照公司編碼分析的年數相等。

附錄G

現金與資產負債表風險分析

我們總共分析了三百個公司年度的財務報表，檢視十倍勝公司和對照公司儲備現金和舉債的程度。

我們採用 Compustat 的資料，針對每一組的兩家公司，根據下列財務比率，以年度資料為基礎，進行對照分析，看看十倍勝公司的表現優於對照公司的頻率有多高。就現金而言，比率愈高愈好；就負債而言，則比率愈低愈好。

- 流動比率＝（流動資產）／（流動負債）
- 現金對總資產比率＝（現金及約當現金）／（總資產）
- 現金對流動負債比率＝（現金及約當現金）／（流動負債）
- 總負債權益比率＝（長期負債＋流動負債）／（股東權益）
- 長期負債對股東權益比率＝（長期負債）／（股東權益）
- 短期負債對股東權益比率＝（流動負債）／（股東權益）

表 G-1　財務比率比較（所有公司）

	比率	十倍勝公司的比率優於對照公司的次數所占百分比（%）				誰表現較優？
		所有年度 *	5 年 **	10 年 #	IPO 年 ※	
現金	流動比率	72%	83%	72%	83%	十倍勝公司
現金	現金對總資產比率	80%	83%	80%	67%	十倍勝公司
現金	現金對流動負債比率	80%	90%	80%	83%	十倍勝公司
負債	總負債權益比率	64%	80%	80%	67%	十倍勝公司
負債	長期負債對股東權益比率	61%	61%	67%	50%	不一定
負債	短期負債對股東權益比率	64%	87%	78%	100%	十倍勝公司

* 所有年度＝從十倍勝公司與對照公司上市頭一年（可取得財務資料）到 2002 年（兩者比較分析的年數相等）

** 5 年＝從 IPO 年到之後的 5 年

10 年＝從 IPO 年到之後的 10 年

※IPO 年＝公司上市後的第一個會計年度。

發現一：整體而言，在觀察期間，十倍勝公司的資產負債表比對照公司保守穩健（強烈證據）。如表G-1所顯示，較多時候，十倍勝公司的現金與負債比率都優於對照公司（參見上表「所有年度」一欄）。根據這些指標，他們承擔較低的風險。

發現二：整體而言，剛上市的頭五年，十倍勝公司的資產負債表比對照公司保守（強烈證據）。發現一有可能純然是因為十倍勝公司表現較佳（因此，資產負債表也較穩健），但表G-1顯示，在剛上市的頭五年，十倍勝公司的各項財務比率都優於對照公司（剛上市的頭十年依然如此）。根據這些指標，十倍勝公司在發展初期冒的風險較低。

發現三：整體而言，在上市第一年，十倍勝公司的資產負債表比對照公司保守（還算充分的證據）。如果檢視他們IPO年的表現，十倍勝公司的現金比率較佳，兩項負債比率也優於對照公司，至於長期負債比率則表現不分軒輊（PSA、基因科技和蘋果等三家對照公司上市第一年的負債都低於相對應的十倍勝公司）。

附錄H

風險項目分析

第五章探討的風險項目根據的是以下針對一百一十四個決策事件的分析。

我們乃是根據以下風險類型來分析：

- 死亡風險：可能重創或毀滅企業。
- 非對稱風險：潛在的負面後果遠比正面效應大得多。
- 不可控的風險：企業會因此面對難以管理或掌控的事件或衝擊。

發現一：整體而言，十倍勝公司涉及死亡風險的決策比對照公司少（強烈證據）。對照公司平均有二．九個涉及死亡風險的決策（占三六％，或平均每十個決策有將近四個決策會涉及死亡風險），相較之下，十倍勝公司平均只有〇．九個這類決策（占一〇％，或每十個決策中只有一個這類決策），請參見表H-1。

發現二：整體而言，十倍勝公司涉及非對稱風險的決策比對照公司少（強烈證據）。對照公司的決策有三六％涉及非對稱風險，而十倍勝公司只有一五％的決策涉及這類風險。

表 H-1　重要決策所牽涉的風險型態與風險程度

決策型態	十倍勝公司	對照公司	十倍勝公司及對照公司，誰承擔更多風險？
針對每家公司 平均分析的決策數	8.4	7.9	
涉及死亡風險的決策 %（平均數）	10%（0.9）	36%（2.9）	對照公司
涉及非對稱風險的決策 %（平均數）	15%（1.3）	36%（2.9）	對照公司
涉及不可控風險的決策 %（平均數）	42%（3.6）	73%（5.7）	對照公司
低風險決策 *（%）	56%	22%	對照公司
中風險決策 **（%）	22%	35%	
高風險決策 ***（%）	22%	43%	
	100%	100%	

N ＝ 114 個決策

註：十倍勝公司與對照公司比較分析的年數相等。死亡風險、非對稱風險、不可控風險乃是互斥的項目（百分比乃是指在所有被分析的決策中所占比例）。低風險、中風險和高風險也是互斥的項目。

* 低風險＝沒有死亡風險，沒有非對稱風險，沒有無法控制的風險

** 中風險＝沒有死亡風險，但有非對稱風險或不可控的風險。

*** 高風險＝有死亡風險，並有／或有非對稱風險和不可控的風險。

發現三：整體而言，十倍勝公司涉及不可控風險的決策比對照公司少（強烈證據）。十倍勝公司涉及不可控風險的決策比例（四二%）遠低於對照公司（七三%）。

發現四：整體而言，十倍勝公司做的決策風險較低（強烈證據）。正如表H-1所顯示，十倍勝公司的決策中有五六%屬於低風險，相較之下，對照公司的決策只有二二%是低風險（低風險決策不涉及以上三類風險中的任何一種風險）。反之，對照公司的決策中高達四三%為高風險決策，而十倍勝公司只有二二%屬於高風險決策。

發現五：在所有風險類別中，十倍勝公司的成功率都比較高（充分證據）。如表H-2及H-3所顯示，就低風險決策而言，十倍勝公司有八五%的成功率（對照公司則僅六四%的時候成功）。就中風險決策而言，十倍勝公司有七〇%的成功率（對照公司則僅五〇%的時候成功）。就高風險決策而言，十倍勝公司有四五%的成功率（對照公司則僅五%成功）。兩者在高風險決策的對比十分驚人。主要原因是這類決策牽涉到大賭注——發射砲彈。我們在「先射子彈再射砲彈」的討論中提過，十倍勝公司在投下大賭注之前，願意花更多時間，透過實證來檢驗下注的項目（發射子彈），因此有效提高了成功率。

表 H-2　決策風險與成果（十倍勝公司）

成果	承擔的風險		
	低（%）	中（%）	高（%）
差	0%	15%	55%
OK	15%	15%	0%
成功	85%	70%	45%
	100%	100%	100%

N = 59 決策

表 H-3　決策風險與成果（對照公司）

成果	承擔的風險		
	低（%）	中（%）	高（%）
差	18%	28%	75%
OK	18%	22%	20%
成功	64%	50%	5%
	100%	100%	100%

N = 55 決策

附錄I
速度分析

正如第五章的描述，我們分析了一百一十五個非比尋常的敏感時刻（情勢開始轉變，風險圖像隨著時間逐漸有了變化，參見表I-1），檢視十倍勝公司和對照公司在認知風險、深思熟慮、做成決策及採取行動的速度。

發現一：及早認知變動風險通常會帶來好成果（強烈證據）。正如表I-2所顯示，在獲得好成果的案例中，企業有七一％的時候都能及早察覺變動的跡象，但在成果差的案例中，能及早認知風險的比例只占二八％。

發現二：快速決策的效益有多大，要視事件發展速度而定（頗充分的證據）。整體而言，快速決策和好成果有相當的關聯性（請參見表I-3），碰到變動快的事件時，更加明顯。不過，當事件發展的速度很慢時，成果佳的案例有六一％的決策速度都很慢或只能算中等速度。換句話說，獲得好成果的案例不見得決策速度都很快，當情況許可的時候，有不少案例的決策速度很慢，展現出「在可以放慢腳步時就放慢腳步，必須加快速度時就快馬加鞭」的做法。

表 I-1　面對變局的敏感時刻（所有公司）

面向	特性（%）	
事件發展速度	變動慢 *：30%	變動快：70%
事件的本質 **	威脅：79%	機會：21%
反應明確度 #	明確：42%	不明確：58%
成果 ※	好：68%	差：32%

N ＝ 115 個時刻
* 變動慢＝事件經過長時間的發展（通常一到三年）
** 有十四個事件未經歸類
# 明確度＝（毋須花太多時間思考）就能明顯看出公司當時有什麼反應
※ 有十三次沒有明確成果或成果僅是 OK。

表 I-2　認知時間和成果（所有公司）

認知的時間	成果好（%）	成果差（%）
早 *	71%	28%
晚	13%	66%

N ＝ 101 個非比尋常的敏感時刻（排除資訊不足的觀察案例）
註：省略認知時間中等的項目（100% ＝早＋中等＋晚）
* 早＝能在潛在威脅逐漸形成並出現第一個跡象時，即有所認知

表 I-3　決策速度和成果（所有公司）

事件的速度	決策速度	成果佳
觀察的所有事件（N ＝ 98）	慢／中等（%）	35%
	快 *（%）	65%
變動快的事件（N ＝ 69）	慢／中等（%）	25%
	快 *（%）	75%
變動慢的事件（N ＝ 29）	慢／中等（%）	61%
	快 *（%）	39%

N ＝ 98（排除資訊不足的觀察案例）
* 快＝一旦認知即快速形成決策

發現三：深思熟慮的決策與好的成果有相當的關聯性（強烈證據）。所謂「深思熟慮的決策」，是指證據顯示領導人會退後一步、放寬視野，並深入思考為何會發生這樣的情況。反之，所謂的「反應式決策」是指決策缺乏嚴謹思考，領導人不是遵循傳統，就是衝動行事。如表I-4所示，六三%成果佳的案例都與深思熟慮的決策方式相關，而九七%成果差的案例與反應式決策相關。

發現四：快速執行的效益要視事件發展的速度而定（充分證據）。整體而言，快速執行決策和好的成果有相當的關聯性（請參見表I-5），在面對變動快速的事件時尤其明顯，有八一%的好成果都和快速執行相關。至於面對變動緩慢的事件時就不一定了，無論快速執行或中等／慢速執行，都可能帶來好的成果。

發現五：十倍勝公司比對照公司更堅持發現一到發現四的做法（強烈證據）（表I-6）。

●認知風險的時間：在多數情形下，十倍勝公司（六八%）比對照公司（四二%）能更及早察覺變故。

●決策速度：整體而言，在我們分析的案例中，十倍勝公司決策快速的比例（五七%）高於對照公司（四五%）。不過，他們也比對照公司更善於因應事件的速度來調整決策速度，碰到快速變動的事件時，他們快速決策的比例會提升到七一%（相較之下，對照公司只有五二%的時候會這樣做）；當碰到變動速度慢的事件時，快速決策的比例會降到二五%（對照公司的比例則為三一%）。

表 I-4　決策方式和成果（所有公司）

決策類型	成果佳（%）	成果差（%）
深思熟慮的決策方式	63%	3%
反應式決策	37%	97%

N ＝ 100（排除資訊不足的觀察案例）

表 I-5　執行速度和成果（所有公司）

	執行速度	成果佳
觀察的所有事件（N ＝ 65）	慢／中等（%）	27%
	快 *（%）	73%
變動快的事件（N ＝ 46）	慢／中等（%）	19%
	快 *（%）	81%
變動慢的事件（N ＝ 19）	慢／中等（%）	50%
	快 *（%）	50%

N ＝ 65（本表格觀察的事件數目較少，原因是很多時候企業沒有任何變動，因此也沒有相應的執行工作）。

* 快＝一旦做成決策，領導人會快速執行決策。

表 I-6　十倍勝公司與對照公司面對變局時展現的決策相關行為

決策相關行為		十倍勝公司（N=57）	對照公司（N=45）
認知的時間	及早認知（%）	68%	42%
決策速度	快速決策（%）	57%	45%
	面對變動快的事件，快速決策（%）	71%	52%
	面對變動慢的事件，快速決策（%）	25%	31%
深思熟慮 vs. 反應式決策	深思熟慮的決策	68%	14%
執行速度	快速執行（%）	66%	63%
	面對變動快的事件，快速執行（%）	76%	62%
	面對變動慢的事件，快速執行（%）	40%	67%

N ＝ 102（排除資訊不足的觀察案例）

註：十倍勝公司與對照公司比較分析的年數相等。

100% ＝該類別十倍勝公司（對照公司）的所有觀察案例

●深思熟慮的決策方式vs.反應式決策：十倍勝公司的決策有較高比例（六八％）經過深思熟慮（相較之下，對照公司只有一四％）。

●執行速度：整體而言，十倍勝公司快速執行決策的比例（六六％）並沒有大幅高於對照公司（六三％）。不過，十倍勝公司較善於調整執行決策的速度，碰到發展快速的事件時，十倍勝公司快速執行決策的比例提高至七六％（相較之下，對照公司只有六二％）；碰到發展緩慢的事件時，快速執行決策的比例則降至四〇％（對照公司則為六七％）。

結果，十倍勝公司在面對非比尋常的敏感時刻，能獲得好成果的比例（八九％）高於對照公司（四〇％）。

附錄J
SMaC配方分析

第六章討論過，我們分析了每一家公司，檢視他們是否有自己的SMaC配方，假如有的話，則整理出各公司致勝配方中包含的成分。綜合所有公司的情況，我們記錄了一百一十七個配方成分，以及配方最初在何時形成、有沒有修改過，如果曾經修改，在何時修改。

發現一：十倍勝公司都有明確的SMaC配方（強烈證據）。七家十倍勝公司都在初創時期或規模還很小的時候，就形成完整的SMaC配方。

發現二：對照公司有明確的SMaC配方（證據還算充分）。五家對照公司（PSA、塞福柯、蘋果、基因科技、美國外科手術）還是年輕的小公司時，就建立了明確的SMaC配方，此外有一家公司（超微）的配方內容模糊，另一家公司（科士納）從來不曾建立SMaC配方。

發現三：十倍勝公司很少改變SMaC配方的成分（強烈證據）。如表J-1所示，十倍勝公司在我們觀察分析的這段期間，SMaC配方平均只改變了一五%。

發現四：對照公司比十倍勝公司更容易大幅更動SMaC配方的成分（強烈證據）。如

表 J-1　SMaC 配方成分更動情況（十倍勝公司）

公司	成分數	改變的成分數（%）*	分別在多少年後改變成分	平均在多少年後改變成分	多少年後首度改變配方
安進	10	1（10%）	10	10	10
生邁	12	1（10%）	8	8	8
英特爾	11	2（20%）	23, 30	26	23
微軟	13	2（15%）	21, 24	22	21
前進保險	9	2（20%）	35, 40	37	35
西南航空	10	2（20%）	23, 26	24	23
史賽克	9	1（10%）	19	19	19
平均	10	15%	24		20

* 百分比採四捨五入，因為 SMaC 配方的成分數目相近。

表 J-2　SMaC 配方成分更動情況（對照公司）

公司	成分數	改變的成分數（%）*	分別在多少年後改變成分	平均在多少年後改變成分	多少年後首度改變配方
基因科技	8	5(60%)	14, 19, 19, 19, 19	18	14
科士納	無 SMaC 配方				
超微	6	4(65%)	15, 15, 15, 29	18	15
蘋果	8	5(60%)	7, 8, 10, 15, 15	11	7
塞福柯	7	5(70%)	無資料		
PSA	7	5(70%)	16, 20, 26, 26（1 無資料）	22	16
USSC	7	4(55%)	23, 29, 29, 31	28	23
平均	7	60%	19		15

* 百分比採四捨五入，因為 SMaC 配方的成分數目相近。

表J-2所示，對照公司平均會更動SMaC配方六〇%的成分，比十倍勝公司的修改比例（一五%）高很多。

發現五：十倍勝公司與對照公司平均都在多年後才開始改變SMaC配方的成分（強烈證據）。如前面兩個表格所顯示，十倍勝公司平均經過二十四年才會修改其中一個成分（對照公司平均要十九年）；十倍勝公司平均在二十年後，才會首度修改SMaC配方（對照公司則平均在十五年後）。

附錄K
運氣分析

第七章的討論乃是以我們對兩百三十個運氣事件的分析為基礎。我們分析了十倍勝公司和對照公司的運氣事件（無論好運或壞運），以探討這些公司是否遭遇了不同大小的運氣事件，運氣的類型和時間分布也有差異。

「運氣」的操作型定義。我們對運氣事件的定義是：一、事件的重要面向必須全部或大部分和企業要角的行動無關；二、事件可能會造成重大後果（無論好壞）；三、事件有一些難以預測的成分。運氣可分為兩個等級：

一、「純粹」的運氣：運氣事件完全和企業要角的行動無關。

二、「部分」運氣：運氣事件大部分（但並非全部）和企業要角的行動無關。要符合「部分運氣」的條件，事件的某些重要層面不能被企業要角所改變（防止或引起），無論他們多有才幹。

將運氣事件的資料編碼時，很重要的是準確找出事件的哪部分包含了運氣的成分。就以一九七七年基因科技的情況為例。基因科技在那一年率先完成基因剪接，能締造這項成就乃是仰賴技術，而不是靠運氣，但他們很幸運的是，在他們之前，沒有任何人曾經達到相同成就（這件事超出他們的控制範圍，因為他們無法影響其他人做的事）。於是我們在編碼時，把「率先完成基因剪接」列為「部分運氣」事件（乃是結合了技術和運氣）。

在思考究竟要把某事件視為好運或壞運時，主要考量在於事件發生當時，怎麼樣才是合理判斷。我們基於這個原則將事件編碼為好運或壞運，而非根據後來的結果來判斷。

我們系統化地檢視企業相關文件，然後根據我們的定義，依照以下分類將事件編碼：

- 純粹的運氣，「純粹」（好或壞）。
- 部分運氣，「部分」（好或壞）
- 普通重要，「中」。事件對於公司的成功有一些影響（好或壞）。
- 非常重要，「高」。事件對於公司的成功有重大影響（好或壞）。

兩位作者都各自完成了某個對照組合中兩家公司的運氣事件編碼後，我們會相互比較筆記，討論我們對於運氣事件在編碼上的差異（只在五％的事件中出現差異，顯示我們有高度的施測者間信度），並在後續討論中解決問題。我們採用這個方式將所有公司的兩百三十個運氣事件編碼分析（請參考第七章安進與基因科技的範例）。

發現一：十倍勝公司和對照公司在我們觀察期間都曾好運臨頭（強烈證據）。正如表K-1顯示，十倍勝公司和對照公司平均經歷了七、八個幸運事件。

發現二：十倍勝公司並不會比對照公司經歷更多幸運事件（強烈證據）。正如表K-1最後一欄所顯示，看不出明確的型態。只有在兩組中，十倍勝公司的幸運事件多於對照公司，有三組的十倍勝公司幸運事件較少，另外兩組則差不多。

發現三：十倍勝公司並沒有比對照公司碰到更多非常重要和純粹的幸運事件。表K-2顯示，十倍勝公司和對照公司在這些重要幸運事件的數目上沒有明顯差異；十倍勝公司和對照公司各自碰到三十六和四十個這類幸運事件。

發現四：十倍勝公司早年並沒有比對照公司明顯碰到更多幸運事件（強烈證據）。我們透過這項分析，檢視十倍勝公司是否在草創初期就比對照公司幸運，結果並非如此（請參見表K-3）。

發現五：對照公司並沒有比十倍勝公司碰到更多壞運（強烈證據）。對照公司之所以表現較差，有可能是因為運氣不好。但表K-4顯示，十倍勝公司和對照公司碰到的壞運事件其實差不多（平均數各為九．三和八．六）。

發現六：對照公司早年並沒有比十倍勝公司明顯碰到更多壞運事件（強烈證據）。對照公司之所以表現較差，有可能是因為從一開始就運氣不好，但根據表K-5，結果並非如此。

表 K-1　幸運事件

對照分析的企業組合	分析年數 *		幸運事件數		每 10 年的幸運事件數 **		十倍勝公司幸運事件較多？
	十倍勝	對照	十倍勝	對照	十倍勝	對照	
安進及基因科技	23	27	10	18	4.3	6.7	較少
生邁及科士納	26	9	4	4	1.5	4.4	較少
英特爾及超微	35	34	7	8	2.0	2.4	差不多
微軟及蘋果	28	27	15	14	5.4	5.2	差不多
前進保險及塞福柯	32	32	3	1	0.9	0.3	較多
西南航空及 PSA	36	43	8	6	2.2	1.4	較多
史賽克及 USSC	26	31	2	5	0.8	1.6	較少
平均	29.4	29.0	7.0	8.0	2.4	3.1	差不多／較少
總計	206	203	49	56			

N ＝ 105 幸運事件

* 從公司創立到 2002 年。由於資料不齊全，前進保險和塞福柯從 1971 年，史賽克從 1977 年開始分析。

** 控制同組兩家公司觀察年數的差異（例如安進乃是十個幸運事件除以 2.3 個 10 年）。

表 K-2　不同類型的幸運事件

幸運事件類型	十倍勝公司	對照公司	十倍勝／對照公司比率	十倍勝公司幸運事件較多？
幸運事件數	49	56	0.9	
非常重要的幸運事件數	22	28	0.8	較少
普通重要的幸運事件數	27	28	1.0	
純粹幸運事件數	14	12	1.2	略多
部分幸運事件數	35	44	0.8	
非常重要或純粹的幸運事件數	36	40	0.9	略少

N ＝ 105 幸運事件

表 K-3　不同類型的幸運事件
從公司創立到創立後五年及十年

	十倍勝公司	對照公司	十倍勝公司幸運事件較多？
從公司創立到創立後 5 年的平均幸運事件數	2.8	2.8	相同
從公司創立到創立後 10 年的平均幸運事件數	5.0	4.5	略多
從公司創立到創立後 5 年非常重要的幸運事件平均數	1.4	1.5	略少
從公司創立到創立後 10 年非常重要的幸運事件平均數	2.8	2.3	略多

註：這項分析排除兩家十倍勝公司（史賽克和前進保險）及一家對照公司（塞福柯），原因是欠缺創立初期的早年資料。

表 K-4　壞運事件

對照分析的企業組合	分析年數 *		壞運事件數		每 10 年的壞運事件數 **		對照公司壞運事件較多？
	十倍勝	對照	十倍勝	對照	十倍勝	對照	
安進及基因科技	23	27	9	9	3.9	3.3	較少
生邁及科士納	26	9	7	4	2.7	4.4	較多
英特爾及超微	35	34	14	11	4.0	3.2	較少
微軟及蘋果	28	27	9	7	3.2	2.6	較少
前進保險及塞福柯	32	32	8	10	2.5	3.1	較多
西南航空及 PSA	36	43	13	13	3.6	3.0	較少
史賽克及 USSC	26	31	5	6	1.9	1.9	相同
平均	29.4	29.0	9.3	8.6	3.2	3.1	差不多
總計	206	203	65	60			

N = 125 壞運事件

* 從公司創立到 2002 年。由於資料不齊全，前進保險和塞福柯從 1971 年，史賽克從 1977 年開始分析。

** 控制同組兩家公司觀察年數的差異。

表 K-5　不同類型的壞運事件
從公司創立到創立後 5 年及 10 年

	十倍勝公司	對照公司	對照公司壞運事件較多？
從公司創立到創立後 5 年的平均壞運事件數	1.2	0.8	略少
從公司創立到創立後 10 年的平均壞運事件數	3.0	1.7	較少
從公司創立到創立後 5 年非常重要的壞運事件平均數	0.2	0	差不多
從公司創立到創立後 10 年非常重要的壞運事件平均數	0.6	0.2	略少

註：這項分析排除兩家十倍勝公司（史賽克和前進保險）及一家對照公司（塞福柯），原因是欠缺創立初期的早年資料。

附錄L
曲棍球名人堂分析

正如第七章的討論，我們將加拿大一般人口的出生月份分布，和在加拿大出生並入選名人堂的傑出職業曲棍球員的出生月份分布，拿來相比較。

在研究員林費爾德（Lorilee Linfield）的協助下，我們進行了以下分析。我們先針對一九五〇到六六年在加拿大出生、至少在曲棍球大聯盟比賽過一個球季、後來又入選曲棍球名人堂的傑出球員，蒐集他們的出生月份資料。我們把重心放在一九五〇年以後出生的球員，乃是為了確保資料可靠性，並就近代的情況進行分析（我們在後續研究中曾回溯到一八七三年的情況，並使用更大的樣本，結果得到相同的結論）。

然後我們再蒐集一九五一到六六年的加拿大一般人口出生月份分布資料，以月、季及半年為製表項目。

發現：加拿大出生並入選曲棍球名人堂的傑出球員在一到三月出生的比例並沒有特別高（強烈證據）。十到十二月出生的比例反而較高（比一般人口比例高出一．九%），雖然這個數字仍太小，不足以做任何推論，只能說不同月份出生的球員之間看不出有意義的差異。

表 L-1　加拿大出生並入選名人堂的曲棍球大聯盟球員出生月份分布

出生月份分布	加拿大出生並入選名人堂的曲棍球員（%）*	加拿大人口（%）	曲棍球名人堂% －加拿大人口%
1 月－ 3 月	22.9%	24.4%	-1.5%
4 月－ 6 月	25.7%	26.1%	-0.4%
7 月－ 9 月	25.7%	25.7%	0%
10 月－ 12 月	25.7%	23.8%	1.9%
1 月－ 6 月	48.6%	50.5%	-1.9%
7 月－ 12 月	51.4%	49.5%	1.9%

* N ＝ 35（我們也回溯到更早的年代，將樣本數增加到 155，但仍得出相同結論。）
名人堂的資料乃計算到 2009 年。

致謝

如果不是有一群人貢獻了他們的時間和聰明才智，本書不可能完成。

我們有很棒的研究助理團隊，他們是一群聰明、好奇、批判性十足、具備狂熱的紀律，同時又樂在工作的人。我們希望向以下 ChimpWorks 研究團隊的成員致謝：Robyn Bitner 多年來持續進行各項分析，Kyle Blackmer 對亂局的洞見，Brad Caldwell 對生邁公司和西南航空的分析，Adam Cederberg 篩選公司和進行ＩＰＯ分析，Lauren Cujé 負責更新十倍勝公司資料，Terrence Cummings 為本計畫的不同部分投入數千小時的工作時間，Daniel DeWispelare 分析安進的資料，Todd Driver 分析十倍勝領導人及更新公司資料、Michael Graham 篩選對照公司並進行比較分析，Eric Hagen 檢視ＩＰＯ公司的ＳＭａＣ配方並貢獻他的好頭腦，Ryan Hall 協助量化分析，Beth Hartman 進行動亂分析和公司篩選，Deborah Knox 的產業動亂分析和ＩＰＯ分析，Betina Koski 分析產業動亂，Michael Lane 的對照公司篩檢和比較分析，Lorilee Linfield 更新公司資料並研究ＳＭａＣ多年，Nicholas M. Osgood 分析產業動亂，Catherine Patterson 篩檢對照公司並進行比較分析，Matthew Unangst 的備份分析和摩爾定律分析，Nathaniel（Natty）Zola 對西南航空和ＰＳＡ之間的對比瞭若指掌。也要感謝韓森的研究助理，包括 Chris Allen 分析資料，Muhammad Rashid Ansari 的產業分析，Jayne Brocklehurst 支援研究，Attrace Yuiying Chang 檢核事實，Hendrika Escoffier 和 Roisin Kelly 支援研究，Chittima Silberzahn 的財務資料分析，Philippe Silberzahn 分析微軟和蘋果，William Simpson 分析數據，Gina Carioggia Szigety 在公司篩選過程中分析數據，Nana von Bernuth 多年來投入大量心力進行廣泛研究分析，以及 James Zeitler 分析資料。

我們非常感謝投入許多時間閱讀書稿，提供評語和建議，並督促我們把書寫得更好的批判性讀者，我們要特別向下列人士致謝，謝謝他們坦誠提供洞見和觀點：Ron Adner、Joel T. Allison、FACHE、Chris Barbary、Gerald（Jerry）Belle、Darrell Billington、Kyle Blackmer、John M. Bremen、William P. Buchanan、Scott Calder、Robin Capehart、Scott Cederberg、Brian Cornell、Lauren Cujé、Jeff Donnelly、Todd Driver、David R. Duncan、Joanne Ernst、Mike Faith、Andrew Feiler、Claudio Fernández-Aráoz、Andrew Fimiano、Christopher Forman、John Foster、Dick Frost、Itzik Goldberger、Michael Graham、Ed Greenberg、Eric Hagen、Becky Hall、Ryan Hall、Beth Hartman、Liz Heron、John B. Hess、John G. Hill、Kim Hollingsworth Taylor、Thomas F. Hornbein, MD、Lane Hornung、Zane Huffman、Christine Jones、Scott Jones、David D. Kennedy、Alan Khazei、Betina Koski、Eva M. H. Kristensen、Brian C. Larsen、Kyle Lefkoff、Jim Linfield、Ed Ludwig、Wistar H. MacLaren、David Maxwell、Kevin McGarvey, MD, MBA、Bill McNabb、Anne-Worley

Moelter（SFVG）、Michael James Moelter、Clarence Otis Jr.、Larry Pensack、Jerry Peterson、Amy Pressman、Sam Presti、Michael Prouting、David P. Rea、Jim Reid、Neville Richardson、Sara Richardson、Kevin Rumon、David G. Salyers、Kim Sanchez Rael、Vijay Sathe、Keegan Scanlon、Dirk Schlimm、William F. Shuster、Anabel Shyers、Alyson Sinclair、Tim Tassopoulos、Kevin Taweel、Jean Taylor、Tom Tierney、Nicole Toomey Davis、Matthew Unangst、Nana von Bernuth、H. Lawrence Webb、David Weekley、Chuck Wexler、Dave Witherow、Nathaniel（Natty）Zola。還要謝謝 Constance Hale、Jeffrey Martin 和 Filipe Simões dos Santos 對研究方法的特別關照。此外還要謝謝 Salvatore D. Fazzolari、Denis Godcharles、Ben R. Leedle Jr.、Evan Shapiro、Roy M. Spence Jr.、Jim Weddle 提供的有用意見。

也要謝謝西北大學的交通圖書館讓我們閱讀ＰＳＡ的年度報告；科羅拉多大學 William M. White 商業圖書館的 Betty Grebe 和 Carol Krismann；證券價格研究中心（ＣＲＳＰ）及芝加哥大學布斯商學院（Booth School of Business）提供的高品質資料和卓越的服務；辛格（Jasjit Singh）的專利資料和他對於專利的洞見；Dennis Bale 和 Laurie Drawbaugh 的巡迴辦公室；Leigh Wilbanks 早期加入我們有關概念的討論；Alex Toll 幫忙校對；Alan Webber 在談話中激發了許多重要想法；Jim Logan 忍受這趟似乎無休無止的旅程；Tommy Caldwell 在岩壁上測試十倍勝的概念；以及柯林斯那夥兄弟們。韓森也要特別感謝哈佛商學院、歐洲工商管理學院、加州大學柏克萊分校。

謝謝 Deborah Knox 編輯最後的書稿，督促我們表達清晰、前後一致，並持續挑戰我們的想法，要我們一方面把鏡頭拉遠，宏觀思考，同時又把鏡頭推近，關照細節。謝謝 James J.Robb 的繪圖專業、無限創造力和恆久的友誼。謝謝 Janet Brockett 的創意火花和設計天分。謝謝 Caryn Marooney 在我們深入危險疆界時扮演指路明燈。謝謝 Peter M. Moldave 盡心盡力、思慮周全的指引。謝謝 Hollis Heimbouch 很早就相信我們的研究，在變動的出版環境中堅定領航，展現真誠的夥伴精神。感謝 Peter Ginsberg 一如過去的完美紀錄，總是能召集富有創意且不可思議的組合，讓所有參與的人都從中獲益。

感謝 ChimpWorks 團隊，因為他們的協助，柯林斯才能專心完成創造性的大計畫。謝謝 Brian J. Bagley、Patrick Blakemore、Taffee Hightower、Vicki Mosur Osgood、Laura Schuchat 在研究計畫初期投入的心力。謝謝 Jeff Dale 扮演我們的策略性空降部隊，提供深思後的智慧觀點；謝謝 Judi Dunckley 對正確性和精準度的重視；謝謝 Joanne Ernst 擔任委員會主席，以及她分析問題、刺激思考的非凡能力；謝謝 Michael Lane 建設性的批評；謝謝 Sue Barlow Toll 擔任我們的營運主任，掉進許多不同的兔子洞；謝謝 Kathy Worland-Turner 擔任柯林斯的左右手，充分發揮她交朋友和建立關係的良好能力。謝謝 Robyn Bitner 和 Lorilee Linfield 在研究計畫最後階段奉獻心力的英勇義行，他們為研究團隊帶來了希望和活力。

最後，我們虧欠人生伴侶 Joanne Ernst 及 Hélène Hansen 太多，在我們進行研究的九年間，謝謝她們堅定的支持、最嚴厲的批評和無限的容忍。沒有她們，我們不可能完成本書。

實戰智慧館 476

十倍勝，絕不單靠運氣

如何在不確定、動盪不安環境中，依舊表現卓越？

作　　者 —— 詹姆・柯林斯（Jim Collins）、莫頓・韓森（Morten T. Hansen）
譯　　者 —— 齊若蘭

副 主 編 —— 陳懿文
校　　對 —— 呂佳真
封面設計 —— 萬勝安
行銷企劃 —— 舒意雯
出版一部總編輯暨總監 —— 王明雪

發 行 人 —— 王榮文
出版發行 —— 遠流出版事業股份有限公司
104005 台北市中山北路一段11號13樓
電話：(02)2571-0297　傳真：(02)2571-0197　郵撥：0189456-1
著作權顧問 —— 蕭雄淋律師

2013年 6 月1日　初版一刷
2023年10月5日　二版二刷
新台幣售價420元（缺頁或破損的書，請寄回更換）

ISBN 978-957-32-8749-0

ylib 遠流博識網 http://www.ylib.com
E-mail: ylib@ylib.com
遠流粉絲團 https://www.facebook.com/ylibfans

國家圖書館出版品預行編目 (CIP) 資料

十倍勝，絕不單靠運氣：如何在不確定、動盪不安環境中，依舊表現卓越？/ 詹姆．柯林斯 (Jim Collins), 莫頓．韓森 (Morten T. Hansen) 著；齊若蘭譯．-- 二版．-- 臺北市：遠流，2020.04
面；　公分．--（實戰智慧館；476）
譯自：Great by choice : uncertainty, chaos, and luck: why some thrive despite them all, 2nd ed.
ISBN 978-957-32-8749-0(平裝)
1. 企業管理 2. 創造性思考 3. 個案研究
494.1　　109002992